改訂2版

プロになるための
データ分析力が身につく！

データサイエンティスト養成読本

Data Scientist

2013年に刊行した「データサイエンティスト養成読本」を最新の内容にリニューアルしました。データサイエンティストを取り巻くソフトウェアや分析ツールは大きく変化していますが、必要とされる基本的なスキルに大きな変化はありません。本書は「データサイエンティスト」という職種について考察し、これから「データサイエンティスト」になるために必要なスキルセットを最新の内容にアップデートして解説します。

技術評論社

改訂2版 データサイエンティスト養成読本

CONTENTS

本書は、2013年に刊行された『データサイエンティスト養成読本』を最新の内容に加筆、修正して構成しています。特別企画第3章「Tableau実践入門」は書き下ろし記事です。

巻頭企画

スキルセット、データ分析のプロセス、ビッグデータの扱い方
データサイエンティストの仕事術 …… 1

- **第1章** データにストーリーを語らせられますか？
  データサイエンティストに必要なスキル …… 佐藤 洋行 …… 2
- **第2章** ビジネスの成果を意識した分析の方法
  データサイエンスのプロセス …… 原田 博植 …… 12
- **第3章** データハンドリングのための
  「ビッグデータインフラ」入門 …… 原田 博植 …… 19

特集1

データサイエンティストへの第一歩
データ分析実践入門 …… 29

- **第1章** データの把握、可視化と多変量解析
  Rで統計解析をはじめよう …… 里 洋平 …… 30
- **第2章** Rをさらに便利に使える統合開発環境
  RStudioでらくらくデータ分析 …… 和田 計也 …… 44
- **第3章** 豊富なライブラリを活用したデータ分析
  Pythonによる機械学習 …… 早川 敦士 …… 55
- **第4章** C4.5／k-means／サポートベクターマシン／アプリオリ／EM…
  データマイニングに必要な11のアルゴリズム …… 倉橋 一成 …… 68

特集2

スキルアップのための
マーケティング分析本格入門　75

第1章	データサイエンスを応用した広告戦略とサイト改善 **Rによるマーケティング分析**	里 洋平	76
第2章	ターゲティング広告リプレースのポイントを公開 **mixiにおける大規模データマイニング事例**	下田 倫大 木村 俊也	87
第3章	マーケティングに役立つ **ソーシャルメディアネットワーク分析**	大成 弘子	101

特別記事

リアルタイムログ収集でログ解析をスマートに
Fluentd入門　　奥野 晃裕　109

特別企画

超入門
データ分析のためにこれだけは覚えておきたい基礎知識　123

第1章	リレーショナルデータベース操作に必須の言語 **SQL入門**	中川 帝人	124
第2章	Webサイトから情報を収集する技術 **Webスクレイピング入門**	中川 帝人	133
第3章	ビジネスを加速させるBIツール **Tableau実践入門**	中原 誠 長岡 裕己	143

Software Design plus　技術評論社

養成読本編集部　編
B5変形判／192ページ
定価（本体2,280円+税）
ISBN 978-4-7741-7631-4

大好評発売中！

ビッグデータ分析をきっかけとして「機械学習」に注目が集まり、ビジネス利用への検討がはじまっています。しかし、実際に「機械学習」を理解しているエンジニアや分析担当者は少なく、うまく活用できていないのが現実です。「機械学習」を利用するにはアルゴリズムの理解、プログラミング技術、ビジネス知識などが必要になってきます。機械学習分野で先頭を走る著者陣が、面白く、わかりやすい解説でお届けします。

こんな方におすすめ
・機械学習をこれからはじめようと思っている方
・データサイエンティスト
・データ分析担当者

Software Design plus　技術評論社

養成読本編集部 編
B5判／164ページ
定価（本体1,980円+税）
ISBN 978-4-7741-7057-2

大好評発売中！

注目の職種として脚光を浴びたデータサイエンティストですが、実際には多くの企業や組織で人材が不足しており、これにはいくつかの原因が考えられます。生まれて間もない職種のため、ビジネスデータ分析に関する知見が溜まっていないことや絶対的な人数が少なく育成される環境が整っていないことなどが挙げられます。
本書は、データサイエンティストを目指す方に向けて、データ分析ソフトウェアとして一定の地位を得たRの活用方法を解説していきます。集計処理、時系列分析、インフラの知識など現役のデータサイエンティストにも有用な情報が満載です！

こんな方におすすめ
・Rユーザ
・データサイエンティスト

巻頭企画

スキルセット、データ分析のプロセス、ビッグデータの扱い方
データサイエンティストの仕事術

データサイエンティストはいま最も注目されている職業の1つといわれていますが、実際の業務やスキルははっきり定義されていません。エンジニアやビジネスマンがスキルアップとしてデータサイエンティストのキャリアを考えたときにも、実際のところ、何から学習を始めれば良いのか分からないのが現状です。巻頭企画では、データサイエンティストが必要になった時代背景から、データ分析の歴史、必要とされるスキルセットを基礎知識として紹介します。そのあと、データ分析のプロセスにおいて意識しなければならないビジネス視点とビッグデータを支えるインフラの基礎を解説します。この企画を通して、まず何から学習を始めれば良いのか、どういった心構えを持つべきなのかを把握しましょう。

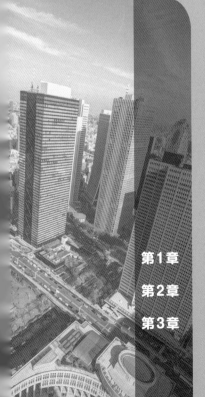

第1章　データにストーリーを語らせられますか?
データサイエンティストに必要なスキル

第2章　ビジネスの成果を意識した分析の方法
データサイエンスのプロセス

第3章　データハンドリングのための
「ビッグデータインフラ」入門

巻頭企画　データサイエンティストの仕事術

データにストーリーを語らせられますか？

第1章 データサイエンティストに必要なスキル

データサイエンティストという職種が必要とされる背景には、企業にとって「ビッグデータ」の活用が重要になったことを挙げられるでしょう。
この章では、ビッグデータが生み出された背景を述べ、データ分析の歴史、データサイエンティストに必要とされるスキル、適した人材像などを解説していきます。

㈱ブレインパッド マーケティングプラットフォーム本部 副本部長
多摩大学 准教授
佐藤 洋行　SATO Hiroyuki　h.sato@brainpad.co.jp

 日本におけるビッグデータ元年

ビッグデータにとって、2012年は非常に大きな意味を持つ年になりました。

日本でいえば、総務省の発行する平成24年版情報白書の冒頭、第1部第1節が、「ビッグデータとは何か」というタイトルからはじまります。「ビッグデータEXPO」や「ビッグデータ＆データマネジメント展」といったイベントが、2012年を第1回目として開催され、ベンダ各社のビッグデータ関連事業参入のニュースは各種メディアで頻繁に取り上げられるようになりました。

「ビッグデータ」という言葉自体は、2012年にはじめて使用されたわけではありません。すでに2000年代後半には各所で語られており、2012年になって浸透するスピードが急激に加速したものです。これは、Googleトレンドでカタカナの「ビッグデータ」の2010年以降におけるインタレスト（指数）の推移を見ても明らかです（図1）。

● **時代に求められた職種**

ほかの技術的な専門用語と同じように「ビッグデータ」という言葉は、海外、とくにアメリカでは、日本よりも早くから（2000年代初頭から）認識されていました。しかし、その言葉が加速度的に普及したのは、日本と同様に2011年後半です。とくに象徴的だったのは、伝統的な経営雑誌である「Harvard Business Review」の2012年10月号に巻頭特集として「Big Data」が取り上げられた出来事でしょう。

日本版の2013年2月号が翻訳されたものにあたり、巻頭記事3本のうちの1つが、データサイエンティストについて取り上げています。主著は、ハーバード・ビジネス・スクール客員教授であり、企業内のデータ活用が必要だと訴える著書を古くから発表してきたトーマス H. ダベンポート氏です。そのときのタイトルは「データサイエンティストほど素敵な仕事はない（原題：Data Scientist: The Sexiest Job of the 21st Century）」でした。

◆ 図1　Googleトレンドに基づく「ビッグデータ」のインタレスト推移

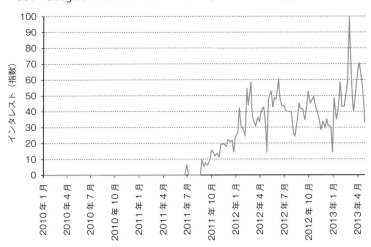

第1章
データにストーリーを語らせられますか？
データサイエンティストに必要なスキル

　記事のタイトルからして、データサイエンティストが時代に求められている職種であることを高らかにうたっていますが、この記事の中で、ダベンポート氏はその理由を次のように端的に言い表しています。

　「企業は現在、いまだかつて遭遇したことがなかった、多様でかつ膨大な量の情報と格闘している。彼ら（筆者注：データサイエンティストのこと）がビジネス界に突如として現れたのは、この反映である」

● インターネットに依存した社会

　データサイエンティストが生み出された背景は、すなわち「ビッグデータ」が生まれた背景にもつながります。これらの背景にはやはり、ビジネスがインターネットへの依存度を急激に高めたことがあるでしょう。もちろん、モバイル技術の進歩とその普及という社会的要因も背景にありますが、ビジネスに関連するデータの大量の蓄積がなければ、そもそも企業はビッグデータと格闘する必要はありません。

　重要と考えられる技術要素や社会的要因をいくつか挙げます。

■ ビッグデータを生み出した技術要素
- データを蓄積するハードウェアの低廉化
- クラウドコンピューティングによるデータ維持費の低下
- センサー技術の進化による取得可能なデータの多様化
- CookieSyncやソーシャルログインなどによるデータを結合する技術の発展

■ ビッグデータを生み出した社会的要因
- EC（*Electronic Commerce*）、オンライントレード、インターネットバンキングの普及
- インターネットに接続できるモバイル端末の普及
- 電子マネーの普及

● 価値あるデータを探す技術

　次に、生み出されたビッグデータを処理する技術についてふれます。

　ビッグデータは、蓄積されているだけでは価値を持たないどころか、実はそのほとんどがビジネスには不必要なデータだと考えられています。まずは玉石混淆の大量なデータの中から価値あるデータを見つけ出す必要があります。また、インターネット上の顧客行動のスピードに合わせて、素早く施策を回転させるため、高速にデータを処理することが必要です。これらを可能にしている背景には、次のような技術の発展が挙げられます。

■ ビッグデータの処理を可能にする技術
- CPUの進化
- GPGPU（*General Purpose Computing on Graphics Processing Units*）技術
- Hadoopに代表される分散処理を支えるフレームワークの登場
- Rに代表されるオープンソースの統計解析向け言語の普及

● データと「格闘」する

　先述した技術でデータを処理し、分析するだけでは、データサイエンティストは必要ありません。データサイエンティストのスキルセットや仕事については後述しますが、その役割はデータ分析の結果をビジネスに展開することです。前出のダベンポート氏の言葉を用いるなら、企業がデータと「格闘」するときに求められる人材こそが、データサイエンティストです。

　では、どのようなときに企業はデータと「格闘」する必要があるのでしょうか。使い古された言葉ではありますが、ビジネスはまさに「彼を知り己を知れば百戦殆うからず」。自社や競合他社、顧客のことをいかに正しく把握したうえで、どう戦略を立てるかが、ビジネスにおいて重要です。そこにはもちろん、長年の経験で感覚的に理解する部分もあるかもしれません。しかし、ビッグデータの

巻頭企画
スキルセット、データ分析のプロセス、ビッグデータの扱い方
データサイエンティストの仕事術

価値が重要視される昨今では、それを分析することが、「彼を知り己を知る」最も確実で有効な方法だと考えられています。そしてそのような状況が、データサイエンティストが求められるようになった背景となるわけです。

次節では、実際にデータ分析がビジネスでどう活用されてきたのかを振り返ってみたいと思います。

ビジネスデータ分析の歴史

先述のダベンポート氏の著書「分析力を武器とする企業[注1]」によれば、ビジネスデータ分析の歴史は1960年代の意思決定支援システムの誕生まで遡るようです。もちろん、20世紀前半から活躍したコピーライターのジョン・ケープルズ氏のように、早くからビジネスデータ分析を用いて成功していた事例もありますが[注2]、計算機を利用したより複雑な分析の事例は、やはり1960年代に始まったとするのが妥当なようです。

金融工学やマーケティングに発展

ビジネスデータ分析を活用した分野としては、1970年代に発展した金融工学が挙げられるでしょう。そもそも金融工学（Financial Engineering）という言葉自体、金融市場に関する学術的な研究をビジネスに応用する過程で生まれた側面を持っており、ビジネスデータ分析を活用した典型とも言えます。この分野については、1980年代後半にはある程度体系的にまとめられるにいたっています[注3]。

マーケティング分野におけるビジネスデータ分析の活用については、古くは先述したコピーライティングの例のように1930年代から取り組まれていました。また、市場調査を例にとると、アメリカのマーケティングリサーチ協会は、1957年に設立されています。しかし、これらはテストマーケティングや調査といった、分析のために特別に取得されたデータの分析に関するものでした。いわゆる「ビッグデータ」的な、あらかじめ蓄積されたビジネスデータ分析の活用ということでいえば、1960年代～1970年代はまだ萌芽期と呼べる程度で、1980年代に入ってからようやく洗練されたものになってきます。

データベース技術の発展

1980年代に入ると、リレーショナルデータベースの発展により、顧客情報をビジネスへ利用することが容易になりました。同時に、ほかの売上データやコミュニケーション履歴データとの結合も可能になったため、より詳細な顧客分析ができるようになります。こういった状況が、「データベースマーケティング[注4]」という言葉を生みました。B2Cビジネスの世界では、集団を対象にしたマスマーケティングから、顧客個別のマーケティングが重要視されるようになっていきます。

一方で、データベースマーケティングを実行するには、ITスキルを持つ専門家と、データ分析のスキルを持つ専門家が必要です。そのため、大学に専門課程が開設されたり、「Journal of direct marketing」という専門誌が創刊されたりします。そのような土壌で切磋琢磨を重ねたデータ分析の専門家たちは、顧客の購買履歴データを個人の行動理解のための素材として分析しました。大衆の一部としての顧客というこれまでのマーケティングの視点を、顧客個別の視点に切り替えていったのです。

インターネットビジネス企業の台頭

さらに分析技術が進んだ1990年代には、「リレーションマーケティング」という言葉が生まれ、より顧客個別のマーケティング施策が重宝されました。分析技術に関しても機械学習の研究が進み、マーケティングに応用されるようになってきます。マーケティング分野で有名な「RFM分析」も、はっきりと

注1) トーマス・H・ダベンポート、ジェーン・G・ハリス著／日経BP社刊／ISBN978-4822246846／2008年／原題：Competing on Analytics: The New Science of Winning
注2) 同氏の「Tested advertising methods（邦題：ザ・コピーライティング）」の初版は何と1932年！
注3) 「Financial Engineering in Corporate Finance: An Overview」John D.Finnerty著、Financial Management (1988)
注4) 「Database marketing: Past, present, and future」Lisa A. Petrison著、Journal of Direct Marketing (1993)

はしませんが、このころに活用されるようになってきたようです注5。

この流れは、インターネットの普及に後押しされ、1990年代後半には、インターネット事業にデータ分析を活用することで成功する企業が現れ始めます。データ分析に基づく商品推奨で有名になるAmazon.com社やNetflix社が売上規模を拡大していくのもこのころです注6。

分析手法の変遷

こうして2000年代〜現在に至ります。ビジネスデータ分析の重要性は広く認識されるようになり、前節で述べたようにデータサイエンティストが必要とされる状況になりました。

今ではソーシャルネットワークなど外部からのデータを活用するにいたりますが、つい最近まで、分析対象となるデータのほとんどは、自社で保有する顧客のデータでした。

たとえば通信販売を主要事業とする企業は、次のように分析手法を変化させていきます。

- 1960〜70年代
  購入時に得られた顧客の属性データ(住所、年代、性別)を分析
- 1980〜90年代
  購入履歴データを利用して購買行動を分析
- 1990〜現在
  インターネットで取得できる顧客情報とサイト内の行動を分析

分析対象となるデータの種類は増え、分析もより高度になったとはいえ、自社のデータを利用しているという点では一貫しています。

次節では、最近発展しつつある自社以外が保有するデータの活用について紹介しながら、より先の将来についても考察してみたいと思います。

顧客も犯人も逃れられない

つい最近まで、ビジネスデータ分析と言えば、自社で保有するデータだけを分析していました。しかし、現在では、ソーシャルログイン機能や広告分野における第三者配信技術の普及により、自社顧客(潜在/顕在を問わず)の自社以外で保有されるデータを分析できるようになってきています。

すべては顧客の行動を特定するために

これまでも、協業企業の顧客コミュニケーションツールへの相乗りなど(協業企業のダイレクトメールに自社のチラシを同封するなど)により、他社保有のデータを活用する機会もありました。ただ、それらのデータは、分析する上で致命的となる欠点をもっていました。

ビジネスにおいてデータ分析をする場合のほとんどが、顧客個別に向けた施策を行うことを目標にしています。その目標を達成するためには、一意的な顧客個人と自社以外が保有するデータを結び付けるという大変難しい作業が必要だったのです。

ところが、今ではソーシャルログイン機能や第三者配信の広告を利用する際には、とくに意識しなくても、外部のデータと自社のデータを、顧客をキーとして紐づけられるようなしくみがあり、分析した結果をすぐに顧客個別の施策に利用することができます。こうした第三者データの接続については、2013年以降、情報銀行コンソーシアム注7やデータエクスチェンジコンソーシアム注8の発足により活発に議論されるようになっており、今後の動向が注目されます。

一方、自社の保有するデータにおいても、この一意的な顧客個人との紐づけが困難な場合はあります。たとえば、リアルな店舗のデータと通信販売のデータとを総合的に分析したい場合などです。しかしこれも最近では、店舗に来店した顧客に対して、インターネットを経由した会員登録をしてもらったり、ソーシャルサイト上でユーザ個別の

注5) 「Thoughts on RFM scoring」J R Miglautsch著、Journal of Database Marketing (2000)

注6) Amazon.com社の上場は1997年で、Netflix社の創立と同年。

注7) http://www.information-bank.net/

注8) http://www.data-xc.jp/

識別子を持つクーポンを発行したりする企業が現れています。

今や次のようなデータが入手可能になり、あらゆるデータと連結した壮大な分析も可能になっているのです（図2）。

- 自社の保有する顧客データ
- 通信販売の購買履歴データや各種コミュニケーション履歴データ
- 自社サイトにおける顧客の行動データ
- 自社の保有するリアルな店舗における購買履歴データ（POSデータ）
- ソーシャルサイトに公開されている顧客の各種データ
- インターネットメディアにおける顧客の自社広告への接触履歴データ

センサーの普及で拡がる分析対象

スマートフォンの普及は、地理情報や各種センサーデータをWebに残し、顧客を個別に分析できる状況を作っています。スマートフォンのアプリケーションや各種機能は、顧客の行動データを分析し、より顧客に適したプロモーションをより良いタイミングで行うことを可能にしています。アプリを利用したチェックインクーポンや、iBeacon/BlueTooth Low Energyのような近接ビーコンを用いた顧客のリアルな行動と連携したマーケティング施策は個別の顧客分析の新たなチャレンジのひとつと位置付けられるでしょう。

おそらく、このような流れは今後も続くでしょう。「スマート家電」のような、頻繁にインターネットにアクセスするような家電の普及は、それらが作り出すデータを分析対象とし、より詳細な顧客特性を明らかにすることによる新たなマーケティング施策を生み出そうとしています。

また、センサーの活用という視点からすると、データ分析の対象はさらに拡がっていくと考えられます。たとえば、ウェアラブルコンピュータを利用したヘルスチェックについては、すでに現実のものとなりつつあります。これが実現するためには、搭載されたセンサーから読み取られるデータから体の異常を検知する分析アルゴリズムを開発しなければなりません。

また、運用中の機械が故障する被害を防ぐために、各部に装備されたセンサーデータをリアルタイムに分析し、異常を検知することがより求められるようになるでしょう。実際に、ゼネラルエレ

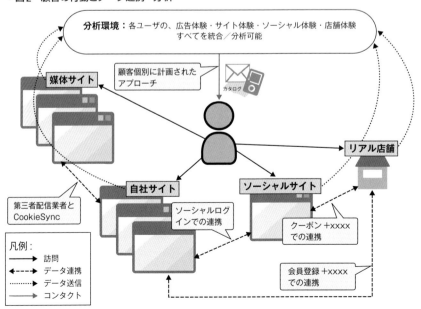

◆図2　顧客の行動とデータ連携・分析

クトリック社は航空機のエンジンにおいて、そのような取り組みをはじめているようです[注9]。さらにはHEMS（Home Energy Management System）は、発電量と使用電力量を予測し、電力の購入量や蓄電量などを最適化します。これもセンサーデータと分析アルゴリズムを組み合わせることで実現されます。

データ分析の新潮流

動画解析の分野はまだまだ発展の余地があると考えられます。今やスポーツトレーニングにおいては、動画解析が重要な役割を果たしています。また、2013年4月のボストンマラソンを狙った爆弾テロ事件で、防犯カメラの映像解析が、犯人逮捕に大きく貢献したことは、動画解析の進歩と有用性を広く社会に知らせることになりました。現在では、2次元の動画だけでなく、3次元の情報を取得できるセンサーデータの分析技術も急速に発展しています。今後、そのような技術を利用した、今では考えられないような変革を起こすビジネス分野があるかもしれません。

いずれにせよ、地理情報やセンサーデータの活用は、データ分析が発展するひとつの潮流となることは間違いなさそうです。しかもこれらのデータは高頻度に生成される大量データであり、非構造なものも多い「ビッグデータ」の典型です。これらを分析し、活用するためには、データサイエンティストが必要不可欠になってくると考えられます。

次節では、こうした状況でデータサイエンティストに求められるはたらきについて、考察してみたいと思います。

意思決定のためのはたらき

ビッグデータの分析と活用がビジネスの成功に影響を及ぼすようになったことで、データサイエンティストは注目を浴びています。しかし、ビッグデータという言葉が登場する以前から、大量なデータを分析する際には「データマイニング」が活用されていたことも事実です。本節では、データサイエンティストのはたらきを考察するにあたり、まずデータマイニングのプロセスについて概観してみたいと思います。

CRISP-DM

データマイニングのプロセスについてよくまとめられたものとして有名なもののひとつに「CRISP-DM」というものがあります。これは、DaimlerChryslerやNCR、OHRA、SPSSなどが参加するコンソーシアムで開発された方法論で、「Cross Industry Standard Process for Data Mining（筆者訳：業界横断型データマイニング汎用プロセス）」の略語です。データマイニングプロジェクトを進める標準的な手順が6つのフェーズに分解され、それぞれのフェーズは次のように定義されています。

① Business Understanding

ビジネスの全体像を理解したうえで課題を設定し、プロジェクトの目的を明らかにするフェーズです。もちろん、あるビジネスについて完全に理解しているという状態はほとんどあり得ませんので、このフェーズでは多数の関係者にヒアリングを行うことになります。

② Data Understanding

データを収集し、データの理解を深めることで仮説構築の下地を作るフェーズです。このあとのフェーズの作業内容にあたりをつけます。たいていの場合、データ定義書だけでデータを理解することはできません（あるいは、とくにプロモーション関連のデータなどに多いのですが、そもそもデータ定義書がない場合もあります）ので、ここでも、関係者からのヒアリングが行われることになります。

③ Data Preparation

数理モデル構築のために、データマート（状況によってはデータウェアハウス）を構築するフェーズです。本フェーズとひとつ後のModelingフェーズ

[注9] http://www.atmarkit.co.jp/ait/articles/1305/09/news033.html

は、多くの場合、良い結果を得られるまで数回繰り返されます。

④ Modeling

初期フェーズで設定した課題を解決するための数理モデルを、仮説に基づいて構築するフェーズです。

⑤ Evaluation

構築した数理モデルを評価するフェーズです。ここでは、単にモデルの精度を検証するだけでなく、ビジネス的に想定外の結果をもたらしてしまうような、（たとえば当初設定した課題は解決するものの、別の指標に悪影響を及ぼしてしまうなどの）何らかの見落としがないか確認することが重要です。

⑥ Deployment

構築・評価した数理モデルに基づいて、何らかのビジネス施策を実行するフェーズです。多くの場合、データサイエンティストが直接施策実行に関わることはありませんが、施策を実行する担当者に結果をわかりやすく説明したり、施策実行のためのシステムを構築する担当者とともに仕様を決定したりする必要があります。

● SEMMA

同様にデータマイニングのプロセスについてまとめられたものとして、統計パッケージの開発・販売を行うSAS社が、自社製品を利用してデータマイニングを行う際の一連の手順として用意した、SEMMAというものがあります。これは、「Sample、Explore、Modify、Model、Assess」の頭文字をとったものですが、それぞれの単語の意味から想像できるとおり、CRISP-DMのData UnderstandingからEvaluationまでの流れとほぼ同様です。念のためなるべく原語に忠実に意訳をするとすれば、データサンプリング、データ間の関係性の探索と理解、変数の選択・合成・変換、モデルの作成、モデルの評価、といったところでしょうか。

● KDD

また、Usama Fayyadらは、1996年のAI Magazineで、「Knowledge Discovery in Databases（筆者訳：データベースからの知識発見、以下KDD）」の過程を、Selection（選択）、Preprocessing（前処理）、Transformation（変換）、Data Mining（データマイニング）、Interpretation／Evaluation（解釈／評価）という5段階に分解しています。ここでは、データマイニングが狭義に解釈され、数理モデリングとほぼ同義で使われていますので、前述のSEMMAとほとんど同様となります。

これら3つの方法論あるいは手順から導き出される共通のプロセスは、厳密にみればデータの収集・前処理から数理モデルの構築・評価ということになりますが、「KDD, SEMMA and CRISP-DM: a parallel overview」注10によると、実際には、SEMMAやKDDについても、CRISP-DMのみに含まれるBusiness UnderstandingやDeploymentの重要性は認識されているということです。このことから、これら2つのフェーズを含む、CRISP-DMのすべてのフェーズがデータマイニングのプロセスの標準と考えて間違いないでしょう。

一方でデータサイエンティストのはたらきについて、前述のダベンポート氏の論文では、次のように述べられています。「データサイエンティストが何をおいても取り組むのは、山のようなデータをかき分けながら何かを見いだすことである。（中略）データサイエンティストは意思決定者を助け、場当たり的な分析から継続的なデータ活用へと軸足を移せるようにする。（中略）彼らは多くの場合、創造的なやり方で情報を視覚的に示し、見いだしたパターンをわかりやすく説得力のあるものにする。彼らは製品やプロセス、意思決定のためにそのデータが意味することを経営幹部やプロダクト・マネージャーに助言する」。ここでは、CRISP-DMと同様のプロセスによるはたらきに焦点を当てながらも、Business UnderstandingやDeployment

注10) Ana Azevedo, Manuel Filipe Santos著、IADIS European Conf. Data Mining（2008）

第1章
データにストーリーを語らせられますか?
データサイエンティストに必要なスキル

フェーズにおけるいわゆるソフトスキル(コミュニケーションスキルのような非定量的・非定型的スキル)を利用したはたらきが強調されています。

● ストーリーを語る

Loukides注11は、電子著書「What is Data Science?」(2010)の中で、データサイエンティストのはたらきについてさらに簡潔に、以下のように述べています。「データサイエンティストはデータを収集し、分析に適した形に整え、データにストーリーを語らせ、そのストーリーを他者に伝えている」。

筆者の所属する(株)ブレインパッドは、データの受託分析をおもなサービスとして提供していますが、そこで活躍するデータサイエンティストもまさに、データにストーリーを語らせることができる人物であり、Loukidesのこの言葉はデータサイエンスの現場からも大いに支持されるものと考えます。ここに、データサイエンティストのはたらきとは、「データを収集・分析し、その結果をビジネスの成功に反映できるように関係者に対して適切に働きかけること」と定義できるのではないでしょうか。

次節では、そのようなはたらきを可能にするためのスキルセットを可能な限り明らかにしたいと思います。

必要とされるスキルセット

データサイエンティストに必要なスキルも、その他の職種と同じく、大きくはソフトスキルとハードスキルに分けることができます注12。前節で紹介したCRISP-DMを例にとりますと、おもに作業的な部分に関わる各フェーズ(Data Understanding 〜 Evaluation)で必要とされるのがハードスキルで、残りの各フェーズ(Business Understandingと Deployment)でおもに必要となってくるのがソフトスキルです。ここでは、まず定型的で論じやすいハードスキルのほうから、CRISP-DMの各フェーズと関連して紹介させていただきます。

● ハードスキル

Data Understanding 〜 Data Preparationフェーズでは、ほとんどの場合、RDBMSとSQLの知識・実務経験が必須となるでしょう。もし、データが巨大であった場合には、Hadoop注13とそれに関連する知識(JAVA、HDFS(Hadoop Distributed File System)、MapReduce、Hive、pigなど)が必要になるかもしれません。また、このフェーズではLinuxコマンドによるデータ処理もしばしば行われます。

Modeling 〜 Evaluationフェーズでは、上記に加え、統計解析や機械学習に関する知識が必要となります注14。そしてそれらを実行するための言語としての、R、PythonやPerlは、アメリカにおけるデータサイエンティストの募集要項に必ず記載されるようになってきています。ここでもデータが巨大になれば、分散コンピューティング、あるいはIn-Database処理注15を行うために、MahoutやMADlibなどのライブラリについての知識が必要となる場合もあるでしょう。さらに、実装段階でリアルタイムな処理を考えるのであれば、Jubatus注16を利用する場面もあるかもしれません。

また、これらのフェーズでは、GUI(Graphical User Interface)を持つツールを利用する場面も多数あります。SASやSPSSはGUIを使った分析ツールの代表的なものですが、より高速にモデルを構築したい場合にはKXEN注17が選択されるでしょうし、ローカルに限定すればKNIME注18はオープン

注11) O'Reilly Media,Inc.のバイスプレジデント。UNIX系のプログラミング技術に関する論文を多数執筆している。

注12) 2015年11月にデータサイエンティスト協会が「データサイエンティストスキルチェックリスト」を発表しました(URL http://www.datascientist.or.jp/news/2015-11-20.html)。そこでは本文とは異なる切り口でスキルが定義されていますが、内容は大きく異なるものではないと考えています。

注13) URL http://hadoop.apache.org/
注14) 近年、AIが話題になっていますが、現状では機械学習の枠に収まっていると考え、ここでは特に取り上げません。
注15) 従来、データベースから抽出したデータに対してしかできなかった処理をデータベース上で実行可能にする技術。最近では、分析に必要な高度なロジックもデータベース内部に組み込まれようとしている。
注16) URL http://jubat.us/ja/
注17) URL http://www.brainpad.co.jp/solution/kxen/
注18) URL http://www.knime.org/

ソースソフトウェアとして利用できます。こういったツールでも、最近ではIn-Databaseでの処理を可能とするバージョンやオプションなどが整備されつつあります。

ソフトスキル

Business Understanding 〜 Data Understandingフェーズでは、まずそのビジネスの業界や業務に対する知識が非常に役立ちます。先述したように、これらのフェーズでは関係者へのヒアリングを行いますので、質問力や理解力（傾聴力と言っても良いかもしれません）が必要となってきます。

Deploymentフェーズでは、施策の実行担当者、あるいは実行のためのシステム構築担当者に対して分析結果を適切に説明するだけでなく、理解して行動してもらわなければなりません。そのため、情報の伝達力に加え、説得力、あるいはプロジェクトの推進能力まで必要とされます。さらに、分析結果をわかりやすく視覚化するためのデザイン力もあると強力な武器になるでしょう。

ここまでをまとめますと、データサイエンティストに必要なスキルは、ハードスキルとして、各種プログラミングに関する知識や経験といったIT系スキルと、統計解析や機械学習などに関する知識や経験といった分析系スキル、ソフトスキルとして、業界・業務に関する知識やコミュニケーション関連の能力といったビジネス系スキル、という3つに分類するのが適当かもしれません（**表1**）。しかし、これら3つのスキルを兼ね備えることはかなり難しいことと思われます。

完全なスキルを身につけるのは不可能か？

事実、先のダベンポート氏の論文でも、はっきりと「稀少」である、と述べられていますし、そもそも、McKinsey社のレポート[注19]によれば、分析系スキルを持つデータ分析官が、2018年までに14万人以上不足する、と言われるほどです。これについては、日本でもセミナー、カンファレンスやインターネット上で話題になっていますが、現状ではおそらく、これら3つのスキルのうちの1つをある程度は持ちながら、いずれか2つのスキルについて高いレベルに達している、というのが実際にデータサイエンティストに求められるもの、という考えが多数を占めるように感じられます。前述のデータサイエンティスト協会のスキルチェックリストの資料中でも、表1の小分類のような3つの力を必要条件として挙げ、「どの1つが欠けてもダメ」としながらも、「単独の1人ではなく、チームとして必要なスキルセットを実現するのが現実解」としています。

その他にも、ダベンポート氏の論文では、データサイエンティストに必要なものとして、好奇心の強さが挙げられています。氏によれば、「それは、問題を深層まで掘り下げ、核心にある疑問を明らかにし、非常に明確で検証可能な一連の仮説に落とし込みたいという欲求」で、分野を問わず科学者に共通してみられるものとのことですが、確かに、筆者の出会ったことのあるデータサイエン

注19）「Big data: The next frontier for innovation, competition, and productivity」2011

◆表1　データサイエンティストのスキル一覧

スキルカテゴリー		内容
大分類	小分類	
ハードスキル	IT系スキル	RDBMS関連、SQL、Hadoop関連、JAVA、HDFS関連、MapReduce関連、Hive、pig、Linuxコマンドなどに関する知識と経験
	分析系スキル	R、Python、Perl、Mahout、MADlib、Jubatusなどの言語に関する知識と経験　各種統計解析、各種機械学習に関する知識、SAS、SPSS、KXEN、KNIME、AlpineMinerなどのツールに関する知識と経験
ソフトスキル	ビジネス系スキル	業界・業務に関する知識、質問力、理解力、伝達力、説得力、プロジェクト推進能力などのコミュニケーションに関する能力

ティストは、このような性質を持つ人物が多いように感じます。もしかすると、これは先の3つのスキルとは別に、データサイエンティストが持つべき「核」なのかもしれません。

本章の最後では、これらスキルと「核」を持つデータサイエンティストがどこから生まれてくるのかを考えます。

未来のデータサイエンティストはどこにいるのか？

ビッグデータ時代にこれだけ求められているデータサイエンティストですが、残念ながら現在のところ、データサイエンスで学位のとれる大学のカリキュラムは存在しません。大学でも企業でも、少しずつその育成のための取り組みが始められていますが、それが実を結び、専門的に育成されたデータサイエンティストが社会に排出されるようになるまでには、もう少し時間が必要だと考えられます。

つまり、今のところデータサイエンティストは、求めても見つからない人材なのです。では、データサイエンティストはどこからやって来るのでしょうか。

● 適した人材像

前節で概観したとおり、データサイエンティストに求められるスキルは、大きくIT系スキル、分析系スキル、ビジネス系スキルに分けられると考えられます。これからデータサイエンティストになろうとする、あるいは企業などで育成する場合、これらのスキルのいずれかを持った人材が適していると言えます。

ただし、ほかの系統のスキルを身に付けることの難しさは、現在持っているスキルの種類によって異なると考えます。それは、別のスキルに分類される業務と現在の業務の接する頻度が、それぞれ異なると考えられるためです。

たとえば、ビジネス系スキルの高い営業担当者が、IT系スキルを持つエンジニアの業務の概要は把握しているかもしれませんが、実際にコードを書いたり、コードを読んだりすることはまれでしょう。これに対し、IT系スキルの高いエンジニアが、ビジネス系スキルを持つ営業担当者と業務で接することはよくあります。そもそも、消費者として生活する中でも、ビジネス系スキルの高い人とふれ合う機会は多く、逆にIT系スキルや分析系スキルの高い人の仕事を見ることはほとんどないはずです。

● 好奇心を持つ

ビジネス系スキルを取得することが容易なわけではありませんが、IT系スキルと分析系スキルのいずれかを持つ人材が、データサイエンティストを目指す、または育成の対象とする場合に優位であることは間違いないでしょう。あとは、「核」となる好奇心の強さの有無で、データサイエンティストになれるかどうか（育成できるかどうか）が決まるのだと思います。

適正とされる人材の総数からしてSEまたはプログラマの中からデータサイエンティストが生まれてくる、ということはしばらくは主流になるでしょう。筆者の知るデータサイエンティストも、多くの場合はこれに当てはまっています。

さいごに

ビッグデータを活用しようという機運は、現在も高まり続けているように見えます。日本では、安倍首相が2013年5月に掲げた成長戦略の目標の中で、「ビッグデータを活用し、2020年までに10兆円規模の関連市場を創出する」と述べています。

現在SEやプログラマとして働かれている方々の中には、数年後に新たなキャリアとしてデータサイエンティストを選択し、この市場で活躍される方もいらっしゃるでしょう。そしてその活躍によって多数の企業がビジネスの革新を起こしている、というのも近い未来としてあり得るシナリオです。

巻頭企画 データサイエンティストの仕事術

第2章

ビジネスの成果を意識した分析の方法
データサイエンスのプロセス

この章では、データサイエンティストが常に意識しなければならない、成果を視野に入れた思考を各プロセスごとに挙げていきます。また、ビジネス的な視点からデータサイエンスを考え、成功する条件と失敗に陥る要因を提示します。

㈱リクルートキャリア
チーフデータサイエンティスト
原田 博植 HARADA Hiroue　hiroue@r.recruit.co.jp

はじめに

筆者は、データサイエンスには次の7つのプロセスがあると考えます。

- 業務理解
- データ理解
- データ抽出
- データ加工
- モデリング
- 効果検証
- サービス実装

本稿では、この一連の流れを「データサイエンス」と表現しています。ここではまずこの各プロセスについて解説していきます。

業務理解

データベースにまつわる業務に費やされる組織的コストは、データへの取り組みが深まれば深まるほどに無視できない規模になります。これらの人・時間・お金を無駄にしないためには、レコメンデーション実装や業務支援などの最終的なアウトプットを意識して、集計や分析作業に着手することが必要です。

組織が細分化された大企業の場合、集計や分析に要するコスト責任の所在があいまいになるため、成果接続への検討が足りない集計や分析が増える可能性があります。その結果、意思決定者からの視点で見ると、データ分析部門は費用対効果の悪い部署に見える、という状況が起きてしまいます。

業務理解ができていないと、そもそも分析の結果得られた示唆をアウトプットに反映できる余地があるのか、組織やサービスの構造に可塑性があるのかがわかりません。これはプロフェッショナルであれば第一に把握すべき基本条件であり、与えられている環境の理解はデータサイエンティストの義務であると考えるべきです。

業務理解の確認方法としては、該当するプロジェクトにコミットしている事業責任者へのヒアリングや協働が必要です。これを怠って惰性で始まる分析は効率が悪くなってしまいます。

業務理解を持ってアウトプットを決めることができれば、分析の成果についての目標達成基準やスケジュールを固めることができます。そして、分析と施策の進捗について評価ができるようになり、データサイエンスを起点として、既存の事業施策と同様にプロジェクトを進めることができます。

データ理解

業務理解については、営業部やネット集客などの事業責任者にヒアリングする必要があります。

一方、データの理解については、業務理解を携えたうえで、技術部門のデータベース関与者にヒアリングする必要があります。データベースにはテーブルがいくつあり、どのように業務と接続しており、データ型はどのようなものか、現状のデータ連携など自動化の運用はどうなっているのか、を着手する分析の影響範囲に応じて調査します。

第2章
ビジネスの成果を意識した分析の方法
データサイエンスのプロセス

● データ抽出

このプロセスでデータウェアハウスやデータマートからデータを抽出し、データを処理可能な状態にしていきます。この作業をインスタンス化といいます。

インスタンス化されることによって、フィールドの種類や値などの情報を読み込んだり指定したりできるようになります。

"データ抽出"は通常、"モデリング（後述）"の前に実行しますが、モデリングにおける意思決定や情報収集の結果、データ抽出について再考が必要になることがあります。そして両段階における問題が適切に解決されるまで、フィードバックを繰り返す結果、さらにモデリングに関する新しい問題点が明らかになることがあります。これは実際のデータサイエンスプロジェクトにおいて頻繁に起こる反復プロセスの1つです。

● データ加工

データ分析の対象としてデータを準備します。

データ加工は非常に多くの時間を必要としますが、データサイエンスで成果を出すために重要なプロセスです。データの加工にはデータの選択、整理、構成、統合、書式設定が含まれます。これらの処理には、決められた順序はありませんが、データ加工は、ほとんどのプロジェクトでPDCAのサイクル注1に沿って繰り返し行われます。

次は、データ加工のプロセスについての一例です。

- 異なるシステムのデータを統合
- フィールド値の異なる型の統一
- 欠損値、不正な値、または極端な値の定義
- データの選択
- 分析に必要な形式にデータを再構成
- 関連フィールドを変換する

といった流れになっており、集中力と長い時間を要する過程を垣間みることができます。

● モデリング

モデリング作業は対話的なプロセスです。効果のある1つのモデル、あるいは複数のモデルのかけ合わせを見つけるまで、いくつかのモデリング手法を試行することになります。異なるデータサイエンスプロジェクトの予測モデルが累積していくことで、人の感覚では発見できないビジネス上の勝ちパターンを体現する複雑なモデルが構成されていきます。

モデリング手法の概要としては、教師ありモデルと教師なしモデルの区分が代表的です。

教師ありモデルは、1つ以上のフィールドに基づいて対象フィールドの予測をモデル化し、結果が未知である将来のケースを予測するのに使用されます。この手法には、ニューラルネットワーク、決定木、線形回帰、ロジスティック回帰などがあります。

教師なしモデルには、予測されるフィールドはなく、データ内の関係性を探索して全体的な構造を発見する際に使用され、この手法にはKohonen、TwoStep、k-meansなどがあります。

また昨今サービスの現場で多用されているアソシエーションルールについては、教師ありモデルにも教師なしモデルにも属さないと考えられています。

これらのモデルは一般的に複数のモデルを掛け合わせて利用するケースも多く、そのような複合モデルはモデルアンサンブルと呼ばれています。

● 効果検証

データサイエンスの結果から得られた施策案が、ビジネス上の目的をどの程度達成するのかを評価します。これはたいていの場合、サービスの一部分やシミュレーションデータに対してA/Bテスト注2的に行われ、サービス全体への展開に値する施策案かどうかを検証することになります。

最終的なレポートやモデルの展開の前に、このプロセスは不可欠です。とくにビジネス目標を達

注1) Plan-Do-Check-Action サイクル。

注2) 異なる2つのパターンを用意し、どちらのパターンが最適かを測るテスト。

成するために、十分なモデルの評価、モデルを構築するための処理ステップの再確認をすることが重要です。事前テストは施策案の影響範囲の大きさによって、その重厚さも変化することになり、この段階の最後に、データサイエンスの結果得られた施策案を使用するかどうかを決定します。

"効果検証"は、"業務理解"の再評価を促すことが多く、その結果、設定された問題点が適切ではなかったとの判断に至ることもあります。この時点で、業務の理解を修正し、別の適切な目標を念頭に置いて、ほかのプロセスを進めることができるようになります。

● サービス実装

サービス実装のプロセスで、予測または新しいデータに対しての評価を作成するためにモデルを展開します。モデル展開についてのソフトウェアをサービスに接続する方法や既存のデータベースに適用する方法など、環境に応じた選択肢を検討します。

また、モデルがまだ有効か検証するために、モデルの予測と成功についてモニターするべきです。これは、あるイベントが発生した場合(予測値と観測値の差が一定の値を超えている場合など)、警告を表示するなど自動化された分析を含むほうが良いでしょう。

この作業についても、ソフトウェアでできる場合や既存のデータベースに適用できるモデルの場合は容易に進捗の確認やKPI[注3]モニタリングができます。

● 反復的なサイクルへ

ここまでのようなプロセスを経て、データサイエンス特有の反復的なサイクルがはじまります。

単純に、データサイエンスプロジェクトを立案、実行し、データをまとめて終了する、というようなことはめったにありません。データサイエンスを使用して顧客のニーズにこたえようとするのは終わりのない作業です。

注3) Key Performance Indicator(重要業績評価指標)

データサイエンスの1回のサイクルから得られた知見は、ほぼ間違いなく新しい疑問、新しい問題、顧客のニーズにこたえる新しいチャンスを提起します。これらの新しい疑問、問題、チャンスは、もう一度データに対してデータサイエンスを行うことでさらに問題に対処していくことができます。

データサイエンス特有のこのサイクルと新しいチャンスの特定は、ビジネスについての理解を深める際の一部となるべきです。これはビジネス戦略全般の基礎となるべき本質といえます。

データ加工のフロー

ここまでデータサイエンスのプロセスについて解説してきました。データサイエンスの大まかな流れが分かったと思います。続いて、データサイエンスのプロセスの中でもとくに多くの時間が割かれるデータ加工に注目し、データの種類とデータの値の定義について解説します。

● データの種類

データサイエンスプロジェクトで扱うデータファイルにはさまざまな種類があり、それぞれのデータファイル形式は相互に変換できるものも多くあります。また、データ型についても数字やカテゴリをフラグ化して利用するなど、分析のアイデア次第でさまざまな扱いが想定されます。

これらの可変性や互換性などについて熟知していると、1つの課題に対してさまざまな分析手法の可能性を確認できたり、データファイルを最も取り回しやすい形式で扱うことでプロジェクトのスピードを加速できたりします。

データサイエンスプロジェクトは、少ない経験値に任せて1つの手法ばかり利用したり、数多くのモデルをつまみ食いして頭でっかちになり、実務上の課題を前に手法の選択ができなかったりすることがあります。ここでは、データの種類についておおまかなイメージを持ってもらうために、それぞれのデータの種類について概観します。

ファイル形式の代表例としては、次が分析の入力となります。

第2章

ビジネスの成果を意識した分析の方法
データサイエンスのプロセス

- CSV（*Comma Separated Values*；カンマ区切り）
  可変長形式や固定長形式のテキストファイルデータ
- TSV（*Tab Separated Values*；タブ区切り）
- SPSS StatisticsやSASのデータファイル
- Oracle、SQL Server、MySQLなどのデータベースファイル
- Excel、Accessなどのアプリケーションファイル

また、コンソールやソフトウェア上でユーザがデータを入力する場合もあり、これはテスト用データを生成する際などに多用します。

データ型の代表例としては、次のものがあります。

- 連続型
  0から100などの整数、実数、日付、時間など数値の範囲を持つデータ型
- カテゴリ型
  値の正確な個数が不明である場合や、文字型の値に対して使用されるもの、インスタンス化されていないものを含むデータ型
- フラグ型
  あり／なしや0／1のように2つの値を持つデータ型
- 名義型
  複数の値があり、それぞれが東／西／南／北のようなセットのカテゴリとして扱われる値に対して使用されるデータ型
- 順序型
  少ない、普通、多いなどの固有の順序を持つ複数かつ個別のデータ型

データの非正規化

データサイエンスに使われるモデルには無数のバリエーションがありますが、事業で成果を発揮しているもののほとんどは古くからあるモデルです。たとえば協調フィルタリングやアソシエーション、重回帰などが挙げられます。

これはなぜでしょうか。ここでも道具は使われるほどに精巧になるという、普遍的な真理が働いています。

エンジニアリングの世界では、長い年月を生き抜いてきた技術を称賛する表現として「枯れている」という言葉があります。音楽の世界でもギターの音に対して「よく枯れた音」という表現が肯定的な意味で使われますが、これらの表現が示唆するのは、時間の洗礼が何よりも信用を担保するという事実です。

そのうえで、上記の「枯れた」モデルを適用する際に、しばしば非正規化というプロセスが必要になります。これはダミー変数やフラグ化と呼ばれる工程で、あるカラムに5段階の水準があるとすると、その5つをカラム化し、YES／NOの2択にします。つまり5段階評価が収まっている1つのカラムを2段階評価の5つのカラムにするイメージです。

データを非正規化することにより、変数を素材として標準化し、さまざまなモデリングに適用できます。

欠損値の扱い

データサイエンスを実現するための手段はさまざま存在し、それらの中には欠損値を効率的にハンドリングできるものが多くあります。しかしながら、一部のソフトウェアや分析手法によっては欠損値を検査・操作できるステップに制約を受ける状況があり、この場合はデータセットに存在する欠損値をどの段階で検査・操作・除去していくのか、計画を持って進めていきます。

また、不要な欠損値はデータサイエンスのプロセスの中で除去処理をしていきますが、それが本当に意味のない欠損値なのかどうか、判断したうえで処理を行うことが重要です。なぜなら、範囲外の値も意思決定の過程で指標として重要な意味を持つケースがあるからです。たとえば、分析の結果、年収を質問する項目について回答しないユーザが、あるサービスにとって最も課金率の高いロイヤル顧客である、ということもあり得ます。分析者は意味のある欠損値と意味のない欠損値を判断できるまで、事業とデータ構造について理解を深めておく必要があります。

外れ値の扱い

　分析をする際には、データの不正または異常な値を考慮する必要があります。たとえば、年齢が0歳や100歳以上など、入力の段階で排除することが妥当なものもあれば、年収など入力値を誘導することは適切でないケースなどがあります。

　データの値が外れている状況としては、標準偏差[注4]を使用して観察した値が分布の中心から遠い、分布の中心に近くてもほかの値から遠い、などがあります。

　そして大切なのは、この基準に該当する場合でも、モデリングに使用するべきではないとは必ずしも言えないということです。モデル構築にどこまでの外れ値を採用するかは計画により異なり、それを決定するのはアウトプットの要請です。つまり、最終的に分析の示唆を反映する施策はどのようなユーザをターゲットとしているのか、成果を実現するために効果的な分析対象の範囲はどこまでなのか、という事象になります。

データサイエンスが成功する条件

　データサイエンスのすべてのプロセスにおいてビジネスへの成果は意識されなければなりません。ここからは、データサイエンスを成功に導く条件と失敗に陥る要因をビジネス的な観点からそれぞれ解説します。

KKDとKDD

　KKDとは「勘と経験と度胸」の略称です。
　KDDは「Knowledge-Discovery in Databases」（データマイニング）の略称です。
　ビジネスにおいては結果がすべてであり、結果が出るのであればKKDでもKDDでも占星術でも問題ありません。ただし、継続して、安定して結果を出すためにはKKD（勘と経験と度胸）の熟練度や、星の巡りから得る示唆では太刀打ちできない場合があります。

　とくに現代のような、データの変数も総量も膨大な時代においては、組織力の属人化を予防するためにも、データサイエンティストが事業の勝ちパターンを連続的に体系化していくことは有意義なことです。

　一方で、データサイエンティストがいつも認識しておかなければならないことがあります。
　それは卓越したビジネスマンのKKD、つまり人間のパターン認知の底力は、現存の科学で実現できるアルゴリズム計算を凌駕するポテンシャルがあるということです。

　人間の脳は並列処理です。計算機は直列処理です。人間の計算速度は計算機にはるかに及びませんが、計算機は人間のような創造性を発揮することはできません。データサイエンティストは、ニューラルネットワークなどの並列計算やHadoopなどの並列分散処理の力を借りて、機械と人間の相乗効果を促進する役目を担う必要があります。

統計的な正しさよりビジネスの成功

　繰り返しになりますが、データサイエンティストは研究職ではありません。ビジネスに貢献する実学の体系を作っていくことが、現代に生きるデータサイエンティストの責務だと考えます。事実、データサイエンスの品質について評価する際は、統計的な評価基準ではなくビジネス上の成果に基づいて品質を評価します。最終評価は、問題の調査を始めたときから常に念頭に置かれるべきです。

　最終的には、データサイエンスの成功は、ROIや収益率などの要因で評価されます。成功を決定するには、モデルの展開後、モデルの成功を評価するためにデータと情報の記録を行う必要があります。これは展開後に考慮することではなく、トラッキングシステムやレポートの作成を行うなど、早い段階からサービス実装を担当するチームやメンバーとKPI管理について方針を確定しておく必要があります。

切り戻し条件を決めておく

　データサイエンスプロジェクトにはほかのあらゆるプロジェクトと同様に、サービスに実装した

注4) データのバラつきを示す分散の正の平方根。

第2章
ビジネスの成果を意識した分析の方法
データサイエンスのプロセス

結果効果が出なかった、あるいは実績が悪くなった、というケースがあります。この場合に、コストを考慮することが必要です。分析業務やデータサイエンスのプロジェクトの当事者たちは、成功に関しては過大に評価しますが、失敗によって発生するコストに関しては軽視しがちです。損益を基準にしたチームの成果は、組織の上位層や横並びの他部署から自明の評価を受けているものと考えるべきです。

いくつかのデータサイエンスプロジェクトでは、モデルを評価する際にコストを考慮することができます。モデリングを行うフェーズでコストの推定ができない場合は、施策を実装する前にエラーに対するコストを注意深く考慮する必要があります。

また信頼できる推定コストが事前に得られない場合は、のちのデータマイニングプロジェクトやほかの評価基準で使用できるように情報を収集しておきます。

● 実務の改善余地を担保しておく

データサイエンスの結果が、ビジネスにおいて有意義な成果を出せる確信が得られても、実務に実装する余地がなければ、成果を得ることはできません。

実装対象となる実務の改善余地については、データサイエンスのプロジェクト設計の第一段階（業務理解）で確認されているべきものです。しかし、確認されていた要因以外でモデルを実装できないことがあります。この理由としては、データサイエンスプロジェクトの進捗過程で、マーケットの構造が明確に変化した場合や、自社サービスの中で実装を想定していた事業領域に改変が発生した場合、全社のポリシーが変更され有意な実装をすることについて法的に問題が生じた場合などが挙げられます。

このような障害を予測できなかったとしても、データサイエンスのプロセスは状況に応じて調整できます。モデルが部分的に導入可能な場合に、プロセスにおける仮説は検証されることになるため、今後の一助とすることができます。

● 虫の目・鳥の目・魚の目

ここまで説明してきた通り、分析者は常に冷静に俯瞰している必要があります。

観察対象は分析事業とサービス装着のみならず、成果の表現方法、施策の影響範囲、調整が必要な組織力学関係に及びます。

組織ケーパビリティがどのフェーズにあるのか明らかにし、自身の人件費などのコストや関係先の費用対効果を考慮しながら進めることが、データサイエンス組織の成立と醸成には欠かせません。

データサイエンティストは分析実務を進める上で「虫の目・鳥の目・魚の目」を大事にすべきです。この「虫の目・鳥の目・魚の目」という言葉は事象を観測する際の基本的なスタンスを表す成句です。虫の目は複眼で至近距離から全身で隅々まで感じとること。鳥の目は高みから俯瞰し業務の全体像を知り、自分が何をしているのかを見ること。魚の目は周囲の環境の移り変わりや速度を即時に察知することです。

分析者は常に自分の感覚を疑い、主観を持ちすぎないようにするべきだと考えます。分析が精緻かどうかは自身の認知に対する健全な懐疑心に左右されることを、ぜひとも覚えておいてください。

データサイエンス失敗の本質

● 組織の構造的負荷を軽視する

本質的なデータサイエンスは失敗していないにもかかわらず、ソリューションを実際に導入することが難しいことがあります。この導入（展開・共有）もまた、データサイエンスの一部です。

組織から反発が起こった場合、最も良い説得方法は、ソリューションによる潜在的利益について説明するか、または組織の一部に導入を変更することです。

● 共変関係と因果関係を見誤る

データサイエンスでは調査方法が重要です。1つの原因が注意深く系統立てて学習され、予測変数と目的変数に因果関係があるかどうかを考えます。

17

たとえば、アンケートを行った場合、調査項目に対する意見が相互に関連してしまい、一方の意見がほかの項目の意見に影響する「原因」にならないよう注意すべきです。

また、相互に影響している可能性もあります。もし相互に影響している場合、調査項目に対する意見や考え方の属性の変化が同じ結果変数に影響するモデルの予測は、無効になる可能性があります。基本的なポイントは、モデルにおいて入力（予測因子）は出力の前に発生するということです。

● 人的ナレッジを活用していない

データサイエンスで扱う疑問や課題を提示する相手は、その問題に直面にしている事業担当者が適しています。事業担当者はビジネス目標に対するデータサイエンスのソリューションが正しいかどうか評価します。また、その分野において経験豊かなデータサイエンティストに指摘されることは、問題に対してさらなる知識を発展できます。

また、事業担当者は、データサイエンスで得られるビジネスの疑問に対する回答、ビジネス目標の結果に対する評価、そして特定のビジネス領域や組織で必要とされる知識についての提示を整理する必要があります。経験豊かな事業担当者を欠いたデータサイエンスプロジェクトでは、それほど重要ではないビジネス上の問題に対してソリューションを作成するなどの危険性があります。

● データ品質を検証していない

データサイエンスの初期段階では、使用するデータのクリーニングやデータの有効性の検査に関して多くの集中力と時間を使います。データに無効な値が含まれている場合、適切と思われるデータサイエンス手法を使用しても、問題点を発見し正しい予測をするのが困難になるためです。

データの準備段階のプロセスはどれも泥臭く華やかさとはほど遠い作業ですが、これらデータの準備とクリーニングに費やす時間を省略しないでください。そしてデータサイエンスのプロセス中にデータに修正の必要が感じられた際にも、マスタスケジュールとの調整は進めながらも、データの洗練については継続する必要があります。

● データの持ち方を検討していない

本番サービスの裏で「溜まる」生ログと、意思を持って「貯められた」データは資産価値が違います。

サービスの裏にある商用データベース、本番データベースを「基幹系」、ビジネスインテリジェンス用途のモニタリング、集計・分析用データベースを「情報系」と呼び、これは多くのデータベース運用の現場で明確に区別されています。

情報系データベースには、本番サービス環境のサービスログのほかに、会計系データベースの情報を保持するケースもありますし、ASPサービスのアクセス解析ログを蓄積するケースもあります。さらには競合調査のために専門の外部ASPと契約している場合はその生データを貯めるなどのケースもあります。

情報系データベースは、その存在意義である「集計」「モニタリング」「分析」それぞれの目的に最適な柔軟性を持ってデータを蓄積・成型・管理します。これらの下準備は上述した目的を達成するために可能な限り進められておくべきタスクであり、またそれぞれのデータが取り回しやすい形で保持されていると、自社サービスログと競合調査の拡大推計によるベンチマークの設定や、ASPサービスのアクセス解析ログと接続して自社サイトのメール施策の影響調査など、高度なクロス分析が行いやすくなるという利点があります。

データの管理者が事業理解の面に乏しく、データベースへの造詣がなきに等しいとき、意思を持ってデータを「貯める」ことができず、機動力の低いデータマネジメントしかできません。データサイエンスには、データ管理者の人材の配置についても注意が必要です。

さいごに

いつでも分析の先にある成果からの要請に耳をすませてください。そこにデータサイエンスの未来があり、そこにしかデータサイエンティストの未来は存在しないのです。

巻頭企画 データサイエンティストの仕事術

データハンドリングのための

第3章 「ビッグデータインフラ」入門

本章では、ビッグデータと呼ばれる大規模データを扱うことを可能にしているインフラ基盤として、KVSなどのNoSQLなどについて概説します。さらに、データ分析に携わるチームにおけるコミュニケーション、データマイニングにおける考え方などについて述べていきます。

㈱リクルートキャリア
チーフデータサイエンティスト
原田 博植 *HARADA Hiroue* hiroue@r.recruit.co.jp

大量のデータを高速に計算できる時代

近年の加速度的なハードウェアとソフトウェアの進歩は、かつては想像もできなかった量のデータを貯めることを可能とし、想像もできなかった速度でデータを計算することを可能としました。これはデータマイニング、データサイエンス、グロースハックなどの勃興の引き金となっている一因です。現在、データサイエンスという言葉が持てはやされている底流には、これらの環境のリッチ化があります。タマゴがデータサイエンティスト、ニワトリがビッグデータインフラとすると、「タマゴが先かニワトリが先か」という問いかけに対する答えは、明確に「ニワトリが先」ということになります。ビッグデータ、あるいはデータサイエンスといった言葉はこのところ、上滑りのように感じられる側面もありますが、あくまで上滑っているのは「コトバ」や「概念」であり、データサイエンスやデータマイニングを支える「優れた分析者」、あるいは「KVS」のようなデータベースインフラは以前から力強く存在しています。本稿では、「ビッグデータインフラ」としてのデータベースに関する基礎知識、およびデータを取り扱うために必要な周辺知識についてわかりやすく解説します。

データベースの概念

まずは、データサイエンティストにとって重要なデータベースに関する概念を解説します。

RDBMS

SQLをおもなデータベース言語とするデータベースはRDBMS（リレーショナルデータベースマネジメントシステム）と呼ばれます。

SQLは1970年代から現在に至るまで、スタンダードなデータベース言語として利用されてきました。コンピュータの世界で40年の間の利用に耐えてきたSQLという言語は、時間の洗礼を受けて高度に鍛えられており、データベース環境の変革を表現するには最適な象徴性を備えています。

NoSQL

NoSQLとは"Not only SQL"の略で、データベースの操作方法がSQLに限定されないデータベースのことを言います。

NoSQLという言葉はSQLに集中していた時代からの脱却を表現する言葉として広まりました。NoSQLの代表的なデータベースはKVS（キーバリューストア）と呼ばれています。

RDBMSとNoSQL

RDBMSはこれまでの時代において、標準的なデータの取得速度や総量の中でデータベース活用の利便性を追求したものであり、KVSは今後の

データ爆発に対応するための工夫が進められています。

SQLに対するキーワードとしてのNoSQLは新しい言葉ですが、NoSQLの技術であるKVSは新しいものではありません。

RDBはデータをテーブル形式で保持し、KVSはキーとバリューという目印をデータに与えて扱う形式です。つまりRDBのほうがデータを整形して保持する抽象度の高い構造になっており、KVSはデータよりをシンプルに保持する構造です。このような理由から、今後のデータベースの動向について感情的に議論される場では、しばしばNoSQLは車輪の再開発に例えられますが、現代のデータマネジメントの問題を解決するために開発されているKVSは現代のニーズに対応した進化を遂げています。

Hadoopがもたらしたもの

ビッグデータに関する潮流として重要な分散処理フレームワークとしてHadoopがあります（図1）。

HadoopはGoogleが自社のサービスで活用するため開発した技術を源流とするものです。Googleの発表した論文をもとにオープンソースとしてクローンが作られ、Hadoopと名付けられました。

Hadoopの要素技術であるKVSフレームワークMapReduceと分散ファイルシステムHDFS（*Hadoop Distributed File System*）を指して、狭義のHadoopと呼びます。広義では、ソフトウェアを含む開発プロジェクト全体をHadoopと呼びます。Hadoop/MapReduceのオリジナルはGoogle/MapReduceであり、HDFSのオリジナルはGFS（Google File System）です。

優れたソフトウェアが誰にでも使える形で世界に公開されたため、これまで実現できなかったさまざまなデータ施策が堰を切ったように走り出しました。それらはHadoopが世界にもたらした果実です。

2013年5月現在、Hadoopは世界中の技術者の協力により推進されているソフトウェア開発プロジェクトです。Hadoopは、データベースの世界にパラダイムシフトを起こしたプロジェクトと言えます。

◆図1　Apache Hadoop

データベースの種類

データサイエンティストとして注目しておきたいデータベース技術としては、次のようなものが挙げられます。

Hadoop

Hadoopプロジェクトの中でデータベースの役割を担うものに、NoSQLデータベースのHBaseがあります。

HBaseはGoogleの分散データベースBigtableの論文を忠実に再現したアーキテクチャです。HBaseを利用する利点としてはRDBの強みであるテーブル間の演算操作を犠牲にして得た、強力なスケーラビリティが挙げられます。

Hadoopのディストリビューターには、Cloudera注1やMapR注2やHortonworks注3があります。Clouderaはコミュニティで開発されたHadoopを使っており、Yahoo！のサービスで稼働実績があります。MapRはコードの一部をC/C++で再実装し高性能化を実現しています。HortonworksはYahoo！からスピンアウトした人たちが立ち上げた会社で、米国での採用実績が増えつつあります。

エンタープライズのディストリビューターとし

注1）　URL　http://www.cloudera.com/content/cloudera/en/home.html

注2）　URL　http://www.mapr.com/

注3）　URL　http://hortonworks.com/

第3章
データハンドリングのための「ビッグデータインフラ」入門

ては、Amazon（Elastic MapReduce注4）やIBM（InfoSphere注5）、EMC（Greenplum注6）が存在感を強めつつあります。

● Dynamo

Dynamoは、Amazonが自社のサービスのために開発したKVSです。2007年に同社の論文として発表されました。世界的に成功を収めている同社のサービスに使われているため、応答についての信頼性や高速性が追求されています。

2012年に発表されたDynamoDBはAmazon Web Servicesとして展開されています。

ユーザの管理を最小限にしたフルマネージドサービスで、データ容量はユーザのサービスやアプリケーションの成長と並行して無制限に拡張でき、スループット性能注7については任意の指定ができます。ハードウェアについてはSSD（Solid State Drive；フラッシュドライブ）を利用して、データへのアクセス速度を担保し、冗長性については、3ヵ所以上の異なる物理拠点にデータをレプリケーションし可用性を担保しています。

2012年3月1日より東京リージョンでの提供が始まっており、今後の拡大が見込まれています。

● Cassandra

Cassandra（図2）はFacebookが自社サービスのために開発したKVSです。Cassandraは先述のDynamoとHBaseの源流であるBigtableという2つのKVSを研究し、両者の長所を取り入れたハイブリッドKVSとして2008年に発表されました。CassandraもHBaseと同じくオープンソースソフトウェアとしてApacheプロジェクトで開発が進められています。このKVSの特徴としては、データモデルについてHBaseと同様にBigtableの構造を採用しているのに対し、ストレージシステムについてはDynamoに類似させている点が挙げられます。スト

◆図2 Cassandra

レージシステムのアーキテクチャをDynamoに似せている狙いとしては、Bigtableのストレージシステムに孕むSPOF（*Single Point of Failure*）という、「そのノードに問題が起きると全体に障害がおよぶポイント」をなくす狙いがあります。この野心的な実装は話題となり、多くの技術者を魅了しました。

● MongoDB

MongoDBはアメリカの10gen社注8が開発したKVSです。2009年にオープンソースとして公開されており、RDBMSのリプレースを狙って開発されたため、さまざまな特長があります。まずデータをJSON形式のドキュメントで保存する「ドキュメント指向」という特性を持っていることで、データ構造の拡張が簡単になっています。また、インデックスの設定が可能であったり、JavaScriptによるMapReduceやHadoopを利用できたり、蓄積データが増えるとコード変更なしに自動でスケールアウトしたりと、MongoDBの長所は数え上げれば切りがありません。

スケーラビリティと高機能の両立を目指すMongoDBには、根強いファンが多いのも特徴です。

● VoltDB

VoltDBはPostgreSQLなど往年のデータベース開発に携わったMichael Stonebraker氏によって開発されたRDBMSです。これまでのRDBMSと比べ

注4） URL http://aws.amazon.com/jp/elasticmapreduce/
注5） URL http://www-01.ibm.com/software/data/infosphere/
注6） URL http://www.greenplum.com/products/greenplum-database
注7） 単位時間あたりに処理するデータ通信量
注8） URL http://www.10gen.com/

たときのメリットとしては「オンメモリRDBMS」である点が挙げられ、RDBMSでありながらKVSのような高速性を実現しています。

RDBMSですのでSQLでデータを扱える半面、オンメモリですのでディスクへの書き込みがなく、利用データ量はハードウェアのメモリに依存します。VoltDBの狙いとしてはOLTP（*Online Transaction Processing*）への特化が挙げられ、高速・高頻度なデータの取り回しを実現するものになっています。

Voldemort

VoldemortはLinkedInの技術者が開発したKVSです。

VoldemortはDynamoをモデルとして作られたプロダクトで、現在オープンソースソフトウェアとしてApacheプロジェクトで開発が進められています。

LinkedInは自社のビジネス用途SNS（*Social Networking Service*）においてソーシャルグラフなどを展開しており、LinkedIn labsで先進的な取り組みを進めています。LinkedInの開発したVoldemortは自社活用にとどまらず広く採用されており、eBayや論文共有サービスのMendeley[注9]、結婚支援サービスのeHarmony[注10]などでも使われています。

データ分析をサービスに活かすまで

ここでは、データベースに接続し、データベースをサービスに活用するまでの流れの中で分析者が注意すべきポイントについて紹介します。

データベースとの接続

分析者が分析対象となる生データを必要とするとき、大別して2つの手段をとります。

① 集計・抽出担当の部署や専任者に依頼する方法
② 自力でクライアントPCから各種データベースや各種ASP（Application Service Provider）サービスへ接続する方法

①のメリットは組織内で管理されたフローにのっとることで、抽出データの品質を担保できることです。このような組織におけるデータベースへのアクセス権限の操作にもODBC（*Open Database Connectivity*）接続は活用されています。

データサイエンスプロジェクトが行われる企業やチームにおいて、コンソールからSQLによるデータベース直接操作にリスクが生じる環境である場合、職階や技術習熟度に応じて権限付与を調整する目的で、ODBC接続とコンソールからのSQL接続が使い分けられます。

②のメリットは着手までの速度と、習熟度に伴って組織的フロー以上の精緻さや柔軟性を持って生データを抽出できることです。

多くのデータサイエンスに用いられるソフトウェアでは、ODBCに準拠したデータベースや、そのほかのデータソースからデータを直接読み込むことができます。これによって、分析者がSQLやデータベースのインフラまわりの知識に乏しい場合でも、自身の得意とする分析環境まで生データを引き込んで扱うことができます。

モニタリングとアナリシス

モニタリングとアナリシスという言葉があります。モニタリングとアナリシスは程度の差である、という前提に立ち、シンプルなレポーティング側によっているのがモニタリング、示唆を携えた分析報告側によっているのがアナリシスである、と言えます。

しかし、事象を伝えているだけのレポートと認知されているモニタリングほど、バイアスについては注意深く検査する必要があります。

たとえばExcelのシートでも、ブラウザベースのBIツールでも、表やグラフを作成した瞬間に読み手の理解にバイアスをかけることになります。セルの配置やカラムの選択でもバイアスはかかります。つまり、事象だけを伝えるモニタリングは生データを離れた段階で不可能であり、報告者は自身の主観を挟んでいることに注意を払い、自覚的になる必要があります。

注9） URL http://www.mendeley.com/
注10） URL http://www.eharmony.com/

第3章
データハンドリングのための「ビッグデータインフラ」入門

KPIモニタリングからBIツールへつながるデータハンドリング

　モニタリングと分析の役割を直線状に置くとすると、BIツールはその下支えとしてそれぞれの工程を支援するものになります。現存するBIツールは多様ですが、広くさまざまなKPIをグラフィカルに表現するリアルタイムモニタリング用途のものはブラウザベースで提供されることが多く、分析を高速化、拡張化させるデータサイエンス用途のものはワークベンチとしてソフトウェアで提供されます。このうち、前者のKPIリアルタイムモニタリングは現代に至るまで事業への浸透も進んでおり、多くの事業シーンでこちらのツールがBIツールと認識されています。

　このブラウザベースのKPIリアルタイムモニタリングのうちでもアクセス解析系のASPサービスの実装技術は別の機会に語るとして、ここではビジネスインテリジェンス用途のKPIモニタリングレポートからBIツールへの移行についてのデータハンドリングについて言及します。

　いわゆる全社用途で各職階にKPIモニタリングを提供するBIツールの構成要素には、次が挙げられます。

- 自社の売上を保持する会計データベース
- サービスログを保持している商用データベースとその整形レプリケーションである情報系データベース
- ASPのアクセス解析ログデータ

　これらがソースデータとして用意され、BIツールの価値設計のプロセスの中で重み付けされた優先順位でモニタリングレポートが実装されていきます。

　BIツールにデータを実装する際、既存のモニタリングレポートについて抽出からレポート成形のプロセスを解析し、解き直す必要が出てきます。たとえばMicrosoft Accessで運用されている場合、帳票の抽出ロジックを読み解き、ANSIやORACLEなどのSQLで組み上げ、BIツールのアプリケーションに実装する工程が発生するかと思われます。

これを事前に用意するためには、定型モニタリングレポートの着手時に、できるだけシンプルでわかりやすい抽出ロジックで運用しておくことが必要です。

分析屋とサービス開発は競合関係

　サービス開発がユーザに提供したいスピードやユーザビリティと、分析者がデータベースから得たいリッチなログデータは本質的な競合関係にあります。

　ユーザ側の画面遷移の速度や、入力プロセスの省略は、すなわちログデータを取得する機会を削っていく行為です。この俯瞰的な視点がなく、分析者とサービス開発者が主張をぶつけあう状況では、ユーザビリティの改善と行動ログ獲得の折衷案がスムーズに検討できません。

　データサイエンティストが社内のどのチームに属しているかは重要な問題ですが、このような構造的な問題を俯瞰する目を絶えず持っていないと、そもそものデータまわりでの業務接続が不自由になり、分析業務の遥か前段の障害で躓くことになります。

サービスは早く、足あとは多く

　とくにデータサイエンスは昨今のWebサービスの現場で威力を発揮していますが、Webサービスはユーザのニーズに応え続けることでユーザに支持されます。そして、ユーザの普遍的なニーズの1つにユーザビリティがあります。これはページ遷移のシンプルさや、ページ表示の速度を含みます。一方で分析者がサービス改善のためにほしいデータは、ユーザの入力の手間と引き換えに獲得した属性データや、ユーザのサイト内遷移のプロセスと引き換えに獲得した行動ログであったりします。そのため、IT企業の現場では、基幹系データベースを持つサービス開発と、情報系データベースを管理するビジネスインテリジェンス系チームは、自身の業務ニーズにおいて矛盾したニーズを持っています。

　短期的な成果と長期的な成果をチームの間、専任者の間でよく摺り合せ、合意形成を醸成し、そ

のタイミングで最適なサービスの改良をしていくことが重要です。

● 翻訳者としてのDBA

DBA（*Database Administrator*）はデータベースの管理者です。とくにデータベースに特化した技術者であり、Webサービスを支える基幹データベースやOLAP（*Online Analytics Processing*）に特化したデータベースを管理・運用する役目を担っています。

データサイエンスプロジェクトでは質の高いデータが不可欠です。平常時にデータが整備された状態で運用されていなければ、プロジェクトのスケジュール規模は大きく膨らみます。また、データベースへの理解が浅い状態で、検証の甘いデータから得た、矛盾したデータや不完全なデータからは、高度な分析手法を駆使しても、正確な結果を導き出すことは困難です。したがって、通常はデータベース管理者がデータサイエンスプロジェクトの主要なメンバーとして参加します。一般的に、ビジネスの専門家や分析者は、利用可能なデータが格納されている企業システムに関して深い知識を持ち合わせていません。

データベース管理者がプロジェクトのメンバーにアサインし、適切な段階で知見を活用できる環境を準備しておくことで、データに関する疑問に対して正しい判断を重ね、プロジェクトを正しく改良していくことができます。

データサイエンティストと組織

ここでは、データサイエンティストの特性を整理した上で、データサイエンティストが根付く組織について考察します。

● データサイエンティストの特性とデータ分析技術

現存するデータサイエンティストはさまざまな武器を携えています。どんな手段であれ最良の成果を事業に返すことが目的ですので、自身が最も得意とする方法でアプローチするのは自然なことです。

データサイエンティストの特性を抽象度を高くして分類すると3つに大別でき、その属性としては次のように分けられると思います。

- 事業寄り
- 統計寄り
- 技術寄り

事業寄りマーケター志向のデータサイエンティストには、もしかするとSPSS[注11]の利用者が多いのかもしれませんし、統計寄り、技術寄りのデータサイエンティストにはRの利用者が増えているのかもしれません。さらに、SAS[注12]という統計ソフトもあります。これらはいずれも類型化できるものではなく、今後もスキルセットのポートフォリオは時流に応じて変化していくものと思われますが、いつでもゴールは同じ、事業に成果を返すことです。

そして、新しいデータモデルのビジネスへの展開はデータサイエンティストが利用するソフトウェアの範疇を超えてデータベースに実装が必要になる場合があります。また、作成したモデルをほかの手法で再現して、アプリケーションに組み込む場合もあるでしょう。そのため、展開・共有するための特定のスキルが必要になります。これはデータサイエンティストが保有していない高度なプログラミングなどの技術領域におよぶケースが多々あるため、自分たちにないスキルを持ったチームメンバーといつでも協働できる体制を構築しておくことは重要となります。

● データサイエンス組織のつくり方

データ分析が組織に装着するには、図3のプロセスを吸収できるデータサイエンス組織が必要です。
各プロセスについて説明します。

①事業課題設定
自社の事業が抱えている課題を把握し、咀嚼し、改善方法を具体的なタスクに落とし込むプ

注11）URL http://www-01.ibm.com/software/jp/analytics/spss/products/statistics/　社会調査用途で開発された統計解析ツール。
注12）URL http://www.sas.com/offices/asiapacific/japan/platform/analytics/

第3章 データハンドリングのための「ビッグデータインフラ」入門

◆図3 データ分析組織が担う機能プロセス

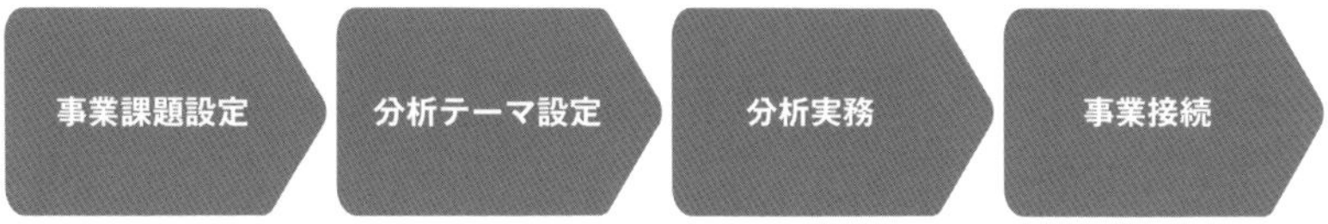

事業課題設定 → 分析テーマ設定 → 分析実務 → 事業接続

ロセス。組織内での業務オペレーションが抱える課題や、カスタマーに提供するサービスが抱える課題などがある

②分析テーマ設定

自社の事業が成長するために解決すべき課題の中で、分析に連なる施策で効果を生み出せるもの、具体的な組織装着や事業装着が可能なものを切り分ける峻別プロセス。分析案件に着手する前の組織内の交通整理や影響範囲の合意形成と納得感の醸成を含む

③分析実務

統計解析を駆使した分析実務、BA（*Business Analytics*）ツールのPOC（*Proof of Concept*：概念実証）や生産性確保、SQLやRやPythonなど分析に必要とされるプログラミング言語のスクリプティング能力、事業データの各種テーブルや例外条件の理解を前提として、分析施策によって利益創出を実現できる実務スキルを指す

④事業接続

データサイエンス実務に着手時点での目標設定に照らし合わせて、結果整合性が実現できているかを確認

組織設計のタイプ

上記のプロセスを内包することを目的としたデータサイエンス組織設計については国内のナショナルカンパニーにおいてもチャレンジが蓄積され始めており、次の3つの形に類型化することができましたので、今回ここで共有を進めていきたいと思います。

- 専門組織型
- システム部門型
- 事業ディレクター型

ひとつずつ、順に説明します。

①専門組織型（図4）

データサイエンスの専門家が特区的に在籍し、R&Dを推進するタスクフォースのような組織設計です。1年間、分析だけをして報酬をもらっている独立採算制で、基盤の改善や、業務支援ツールなどは関わりません。

メリットとしては、専門組織のため非常に高い分析スキルを保持しています。

デメリットしては、人材ROI的観点からチームの提供機能は分析パートのみに留めるため、基盤や運用との連携が薄く、包括的な事業装着が遅れる場合があります。デメリットを解消するひとつのアイデアとして、情報システム部内へ組織を異動、事業接点を強めるなどがあります。

②システム部門型（図5）

情報システム部など、旧来からデータベースや

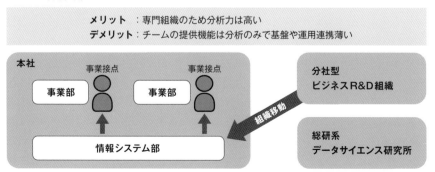

◆図4 専門組織型

◆図5　システム部門型（図6）

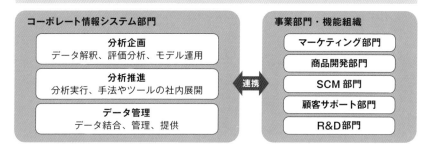

◆図6　事業ディレクター型

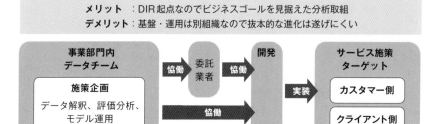

データマネジメントを担当していた部門が、昨今のデータ活用のニーズの高まりを受けて、データ分析の企画、社内展開、データ管理の部隊を整備していくような組織設計です。

メリットとしてはシステム部門のためテーブル定義などの造詣が深く、そもそも情報系の実務者の集まりなのでデータ管理や運用までサポートできます。

デメリットとしては、そもそもは事業の最終利益貢献についてコミットメントを求められる出自ではない場合が多いため、それぞれの事業機能に対する関与度が低くなる場合があります。デメリットを解消するひとつのアイデアとして、各事業部門に情報システム部員を出向させ、事業理解への適応進捗から適正を測り融和させていく方法があるかと思います。

③ 事業ディレクター型

分析者がウェブ開発のディレクター的な動きをしたり、ディレクターの者であったりする組織設計です。具体的には事業部門内にデータ分析担当者を配置し、分析案件を検討し推進していきます。

メリットとしてはディレクター起点なのでビジネスゴールを見据えた分析取組が推進されることです。

デメリットとしてはデータ基盤・データ運用が別組織なので、旧来事業運営体の抜本的な進化は遂げにくい点が挙げられます。デメリットを解消するひとつのアイデアとして、BA（*Business Analytics*）ツールをつかって事業ディレクターの分析実務に集中しているリソースを、分析「パイプライン」設計へと振り向けていく方法があります。

● 分析手法を駆使するための データハンドリング

データサイエンスを実現するための道具は日々登場し、導入や運用のハードルは下がり続けているのでデータサイエンスに着手することは誰でもできます。しかし事業に成果を提供するためにはデータサイエンス手法に対する知識が必要とされます。

特定の問題に対して使用する最良のツールの決定、最適な手法の選択、異常値や欠損値の修正、正常でない計算結果を認識することはすべてデータサイエンスプロジェクトの成功に不可欠な要素

です。これらの有益なスキルは、分析者としての経験や学習からきています。そのため、プロジェクトの段階が進みデータサイエンスの手法選定に検討を要するとき、これらの手法を熟知した分析者が必要になります。適切な段階で分析者の知見を活用できる環境を準備しておくことで、品質の高いデータを使用し、正しいステップでデータサイエンスを進めることができます。

データサイエンスLOVESビッグデータ

● データマイニングには検定の概念がない

統計学の重要な概念として検定論があります。検定とは、統計処理の対象となる母集団に正規分布を仮定してデータの分布を確認し、結果が母集団の性質を代表しているとみなせるかどうかを判断する手続きです。

一方で、データマイニングでは母集団の正規分布を仮定しません。その代わり、作り上げたモデルが有意義かどうかを、検証という方法で判断します。母集団の中でデータの区分を作り、一部を学習データ、一部を検証データとして、双方に同じモデルを適用します。モデルを生成したデータとは異なるデータに適合することにより、モデルの妥当性や有効性を検証します。

これによって再現性があればモデルを利用する、また、再現性がなくても利用するケースもあり、その場合はモデルを作成するときに利用した学習データの結果ではなく、新たに適用された検証データでの結果を利用します。

このような"母集団に分布の形を仮定しない"統計手法をノンパラメトリックと呼び、"母集団に正規分布などの分布の形を仮定する"統計手法をパラメトリックと呼びます。

● 統計学は少ないサンプルから大きな母集団を予測する

パラメトリックとノンパラメトリックは相対する概念であり、ビッグデータはしばしばノンパラメトリックとの相性のよさが取り沙汰されます。

確かにノンパラメトリックは母集団に仮定を置かないがゆえに、適用範囲に制限がありません。データマイニングなどで爆発的に利用が拡大したのも、実用主義ともいえる事業や研究の現場での要求に対するノンパラメトリック統計の使い勝手のよさが評価されてきた背景があります。

一方でパラメトリック統計学の魂である検定論は、この情報爆発の時代に用を成さないという声もあります。どこまでも抽象化の階段を上り続けることをよしとする数学に対して、現実の問題を解決するために理論的な不完全さを容認してまで発達してきた統計学であったはずなのに、もはや検定論は哲学の領域に足を踏み入れ、本来の目的を見失っているのではないか、という意見があります。

しかし、いまだにTVやネットの視聴率や選挙の出口調査など、我々の生活の重要な局面で、伝統的なパラメトリック統計手法が重責を担っています。データサイエンスに使われるソフトウェアにもパラメトリック統計は標準装備されており、その頑強な理論は威力を発揮しています。

データサイエンティストはこれらの先達の英知を駆使して成果にアプローチする責務を担っています。

おわりに

環境は意志のある取り組みを加速させますが、意志を持たずに環境に流されると、ヒト・モノ・カネが垂れ流れるだけ、空転するだけ、致命傷を負うだけ、という結果が待っています。

昨今流行したドラッカーも、本質的には以前から力強く存在した大家ですので、ここで言葉を借りたいと思います。

"重要なことは、正しい答えを見つけることではない。正しい問いを見つけることである"

くれぐれも意志のないクエリを投げないように、意志のないアルゴリズムを回さないように、意志のないインフラ投資をしないように。

データサイエンティストは誰よりも自分に対して、健全な懐疑心を持ち続けることが重要だと考えています。

Software Design plus 技術評論社

サーバ/インフラエンジニア養成読本 DevOps編

DevOpsとは、開発と運用の現場が一体となり、継続的な成果を生むための開発手法を抽象的に表した言葉です。インフラ部門でのDevOpsは、サービスの迅速なリリースやスケールに耐えられる柔軟なインフラ部門の構築を目的とします。本書は、Ansibleによるサーバ管理、CircleCIでの継続的インテグレーションフローを解説します。また、あらかじめ設定した開発環境を構築するためのDockerとオーケストレーションツールKuberunetesの具体的な使用方法にもふれますので、本書でDevOps環境はひと通り揃うことになります。

吉羽龍太郎、新原雅司、
前田章、馬場俊彰 著
B5判／176ページ
定価（本体1,980円＋税）
ISBN 978-4-7741-7993-3

大好評発売中！

こんな方におすすめ ・インフラエンジニア

Software Design plus 技術評論社

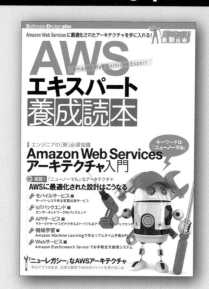

AWSエキスパート養成読本
Amazon Web Services Expert

クラウドサービスの代名詞とも言えるAWS（Amazon Web Services）。いまや、Web業界だけでなく基幹系システムや業務システムでも合理的な選択肢として避けて通ることのできない存在になりました。しかし実際のところはまだ、ホスティングの代わりにAWSを利用しているに過ぎないようなケースも多く見られます。本書では、AWSのメリットであるスケーラビリティ、アジリティ（俊敏性）、マネージドプラットフォームを享受する、クラウドのポテンシャルを120％活かした「クラウドネイティブ」なアーキテクチャを実現するにはどうすればよいのか、実案件で実践してきたエンジニア陣が解説します。

養成読本編集部 編
B5判／112ページ
定価（本体1,980円＋税）
ISBN 978-4-7741-7992-6

大好評発売中！

こんな方におすすめ
・AWSエンジニア
・サーバ／インフラエンジニア

特集 1

データサイエンティストへの第一歩
データ分析実践入門

　この特集では、具体的な分析手法の解説を行います。ひとくちにデータ分析といってもさまざまなツールがあふれています。まず、データ分析においてはメジャーになったR言語で統計解析の基礎を解説し、具体的なデータを使って分析の流れを紹介します。続いて、R言語の開発を助けるRStudioの解説とともに、データ分析プロジェクトの保守方法について紹介します。さらに、データ分析ライブラリが豊富なPythonで機械学習に触れ、データ分析に必要なアルゴリズムも解説します。ここで解説するツールはデータ分析の一部でしかありませんが、実際のデータ分析をする際に役に立つポイントがわかるでしょう。

第1章　データの把握、可視化と多変量解析
Rで統計解析をはじめよう

第2章　Rをさらに便利に使える統合開発環境
RStudioでらくらくデータ分析

第3章　豊富なライブラリを活用したデータ分析
Pythonによる機械学習

第4章　C4.5／k-means／サポートベクターマシン／アプリオリ／EM…
データマイニングに必要な11のアルゴリズム

特集 1　データ分析実践入門

第1章

データの把握、可視化と多変量解析

Rで統計解析をはじめよう

本章では、多変量解析やデータの平準化などがかんたんにできるR言語を使って、統計解析、機械学習の基本を解説します。R言語をはじめて使うための道しるべとしてもお読みいただけます。

DATUM STUDIO株式会社
里 洋平　*SATO Yohei*　y.sato@datumstudio.jp　TwitterID：@yokkuns

はじめに

R言語は統計解析、機械学習、データマイニングのためのプログラミング言語で、多変量解析やデータの可視化などをかんたんに実行できます。近年ではさまざまな業界の方法論がパッケージとして実装されており、R言語はデータサイエンティストにとって必須と言えるツールになっています。

本章では、R言語を使って基本的な統計解析、機械学習の実行方法を解説します。

Rの導入

■ Rをインストールする

R言語は、Windows、Mac OS X、LinuxなどさまざまなOSで使用できます。

次のURLから、ご自身の環境に合わせてインストールしてください。インストーラの指示にしたがって進めるだけです。

 http://cran.md.tsukuba.ac.jp/bin/

■ パッケージを使う

パッケージのインストールは、`install.packages`関数で、読み込みは`library`関数で実行できます。リスト1に、ggplot2パッケージのインストールと読み込みの例を記載します。ggplot2はきれいなグラフを描くためのパッケージで、本章では基本的にこのパッケージを使ってグラフを描画していきます。

データを操作する

■ データの読み込み

外部ファイルからデータを読み込むには、`read.**`関数を使います。リスト2では、よく使うTSV（*Tab Separated Values*；タブ区切り）ファイルとCSV（*Comma Separated Values*；カンマ区切り）ファイルの形式の body_sample というデータを読み込む方法を紹介します。サンプルデータは次のURLからダウンロードできます。

 http://gihyo.jp/book/2016/978-4-7741-8360-2/support

◆ リスト1　ggplot2パッケージのインストールと読み込み

```
install.packages("ggplot2")
library(ggplot2)
```

◆ リスト2　TSVファイルとCSVファイルの読み込み

```
# タブ区切りのデータの読み込み
body.data <- read.table("body_sample.tsv", header = T, stringsAsFactors = F)
head(body.data)

# CSVファイルの読み込み
body.data <- read.csv("body_sample.csv", header = T, stringsAsFactors = F)
head(body.data)
```

第1章
データの把握、可視化と多変量解析
Rで統計解析をはじめよう

◆リスト3　データフレームの基本操作

```
body.data[, 2]                        # 列番号を指定して取得
body.data[, c(1,3)]                   # 複数の列番号を指定して取得
body.data[,"weight"]                  # 列名で取得
body.data$weight                      # $列名としても取得できる
body.data[, c("height","weight")]     # 複数の列名で取得

body.data[body.data$gender=="F",]                 # 条件に合った行だけ取り出す
body.data[order(body.data$height),]               # 昇順でソート
body.data[order(body.data$height, decreasing = T), ] # 降順でソート
```

■基本操作

R言語には、さまざまなデータ型があります。リスト3では最も利用頻度の高いデータフレームについて、基本的な操作方法を紹介します。

データ把握

実際にデータ分析を行う前には、これから分析するデータを把握することから始めます。分析対象のデータにどういった傾向があるのか、欠損はあるのか、外れ値はどうか、などを事前に把握していないと、いざ分析を始めたときに思わぬところで行き詰まってしまいます。またデータの全体を把握することは、分析の見通しが立ち、単純な集計ミスにも気づくなど、とても重要なプロセスです。

● 1つの変数の特徴を把握する

■数値要約

R言語では、summary関数を使い対象のデータセットの数値を要約できます。先ほど読み込んだbody.dataでの実行例をリスト4に示します。

まず、性別（gender）のような離散的な値をとるデータの場合には、その区分とデータの数が表示されます。今回のデータでは、F（女性）が200件、M（男性）が200件あることがわかります。

次に、身長や体重のような連続的な値をとるデータの場合は、次の6項目の数値が表示されます。

- 最小値（Min.）
- 第1四分位数（1st Qu.）
- 中央値（Median）
- 平均値（Mean）
- 第3四分位数（3rd Qu.）
- 最大値（Max.）

最小値、平均値、最大値は特に説明はいらないと思いますが、中央値や四分位数については初めて見る方がいるかもしれません。中央値は、そのデータを昇順に並べたときに真ん中に位置するデータのことです。半分の位置なので50パーセント点とも呼ばれます。そして第1四分位数と第3四分位数は、それぞれ25パーセント点、75パーセント点のことです。これらの数値を見ることで、データに偏りがあるのかをおおまかに把握することができます。

summary関数は、データセットのいわゆる中心的な数値は出しますが、データの散らばりを表す標準偏差や分散については出力できません。R言語でこれらを計算するには、sd関数、var関数を使います（リスト5）。

なお、先ほど離散的な値をとるデータと連続的

◆リスト4　summaryによる数値要約の実行

```
summary(body.data)
       id           gender             height          weight
 Min.   :  1.0   Length:400         Min.   :135.5   Min.   :31.44
 1st Qu.:100.8   Class :character   1st Qu.:152.4   1st Qu.:50.93
 Median :200.5   Mode  :character   Median :158.2   Median :57.78
 Mean   :200.5                      Mean   :158.4   Mean   :58.16
 3rd Qu.:300.2                      3rd Qu.:163.9   3rd Qu.:65.53
 Max.   :400.0                      Max.   :181.5   Max.   :78.99
```

◆リスト5　標準偏差と不偏分散の実行

```
sd(body.data$height)    # 標準偏差
var(body.data$weight)   # 不偏分散
```

◆リスト6　ヒストグラムの描画

```
ggplot(body.data, aes(x=height)) +
    geom_histogram() +
    theme_bw(16) +
    ylab("count")
```

◆リスト8　身長データの箱ひげ図の実行

```
ggplot(body.data, aes(x=gender,y=height,fill=gender)) +
    geom_boxplot() +
    theme_bw(16)
```

◆リスト7　男女別に色分けしたヒストグラムの実行

```
ggplot(body.data, aes(x=height, fill = gender)) +
    geom_histogram() +
    theme_bw(16) +
    ylab("count")
```

◆図1　身長データのヒストグラム

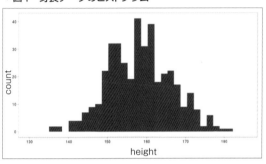

◆図2　男女別に色分けした身長データのヒストグラム

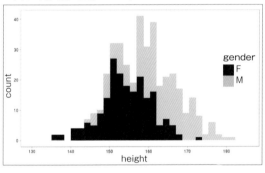

◆図3　身長データの箱ひげ図

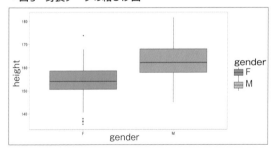

な値をとるデータという説明をしましたが、これらは統計学の言葉では「質的データ」、「量的データ」と呼ばれます。

■ データの可視化

　数値によってだいたいの特徴を把握したら、次はデータを可視化してみましょう。変数が1つのときは、ヒストグラムと呼ばれるグラフが可視化によく使われます。ヒストグラムは、横軸にデータの区間、縦軸にその区間の中にあるデータの数を棒グラフで表したものです。ggplot2を使って、身長のヒストグラムを描いてみます（リスト6）。ヒストグラムは`geom_histogram`関数で作成できます。

　すると、図1のように描画されます。このヒストグラムを眺めてみると、山が2つあることに気づきます。こういった特徴を持つときは、何らかの層別に平均や分散が異なっている可能性が高いと考えられます。そこで、性別で色分けしたヒストグラムを描いてみましょう。色分けするには、`fill`オプションに性別を表す`gender`を指定するだけです（リスト7）。

　描画された図2を見ると、左側に女性（F）、右側に男性（M）が偏っています。このことから、男性の身長は女性よりも高い傾向にあることがわかります。最後に箱ひげ図と呼ばれるグラフで男女の違いをもう少し見てみましょう。ggplot2で箱ひげ図を描くには、`geom_boxplot`関数を使います（リスト8）。実行結果は図3のようになります。

第1章 データの把握、可視化と多変量解析
Rで統計解析をはじめよう

◆リスト9　身長と体重の散布図の実行

```
ggplot(body.data, aes(x = height, y = weight)) +
    geom_point() +
    theme_bw(16)
```

◆リスト10　身長と体重の散布図＋回帰直線

```
ggplot(body.data, aes(x = height, y = weight)) +
    geom_point() +
    theme_bw(16) +
    geom_smooth(method = "lm")
```

◆図4　身長と体重の散布図

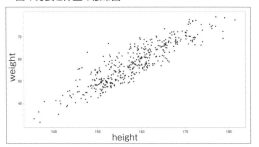

◆図5　身長と体重の散布図＋回帰直線

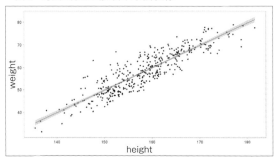

●2つの変数の関連性を把握する

次に、2つの変数間の関連性を見ていきます。まずは散布図を描き、データの全体を確認します。ggplot2で散布図を描くには`geom_point`関数を使います（リスト9）。

描画された図4から、身長が高い人ほど体重も重いというきれいな相関が見てとれます。続いて2つの変数の関係を直線で表してみましょう。ggplot2では、`geom_smooth`関数を使って回帰直線を引くことができます（リスト10、図5）。

ところで、身長は男女で平均値が異なることが分かっていました。男女が混ざっていてもきれいに直線にフィットしているように見えますが、もしかすると身長と体重の関係について男女で違いがあるかもしれません。このデータでは、男女が混ざっていてもきれいに直線にフィットしているように見えますが、もしかすると身長と体重の関係についても男女で違いがあるかもしれません。そこで、男女別で色分けし、それぞれの回帰直線を引いてみます（リスト11）。

色分けをしてみると、全体的に男性が身長に対して体重が重い傾向があることがわかります（図6）。また、直線の傾きを見てみると、男性のほうがやや身長に対する体重の変化が緩やかなようです。

最後に、2つの変数の相関の度合いを表す相関係数を算出してみましょう。R言語では`cor`関数で算

◆図6　男女別の身長と体重の散布図

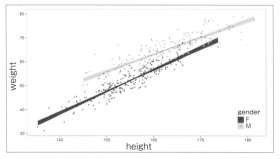

◆リスト11　男女別身長と体重の散布図の実行

```
ggplot(body.data, aes(x = height, y = weight, col = gender)) +
    geom_point() +
    theme_bw(16) +
    geom_smooth(method = "lm")
```

◆リスト12　相関係数の算出

```
# 全体
cor(body.data$height, body.data$weight)

## [1] 0.8929

# 男性
body.data.m <- body.data[body.data$gender == "M",]
cor(body.data.m$height,body.data.m$weight)

## [1] 0.8635

# 女性
body.data.f <- body.data[body.data$gender == "F",]
cor(body.data.f$height,body.data.f$weight)

## [1] 0.9174
```

出できます（リスト12）。

相関係数がどれくらいで、「強い相関」、「弱い相関」というのかという基準は明確に決まっていない

◆図7 仮想の投資と売上の散布図

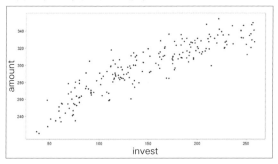

◆リスト13 仮想の投資と売上データの散布図の実行

```
# 仮想データの読み込み
amount1.data <- read.csv("amount1.csv")

# 上位6件を表示
head(amount1.data)

# 数値要約
summary(amount1.data)

# 散布図の描画
ggplot(amount1.data, aes(x=invest, y=amount)) +
    geom_point() +
    theme_bw(16)
```

のですが、一般的には次のように言われています。
｜r｜は、R（相関係数）の絶対値です。

- ｜r｜= 0.7〜1   ：強い相関あり
- ｜r｜= 0.4〜0.7：やや相関あり
- ｜r｜= 0〜0.2 ：ほとんど相関なし

相関係数は男性が0.8635、女性が0.9174という結果が確認できます。女性の方が身長と体重の相関が強いと言えます。

多変量解析：予測

予測というと、何らかの数値を予測をするだけのような印象を受けますが、多変量解析における予測モデルの目的は、どんな要因が結果に影響するかという因果関係を明確化することにもあります。

ある結果を説明する原因となる要素を使って予測モデルを作ることで、それぞれの要素が結果に対して影響を与えているのか否か、どの程度の影響力なのかを明らかにします。原因側の変数を説明変数、結果側の変数を目的変数と呼びます。

● 回帰モデル

回帰モデルは、統計解析の王道のような存在で、あらゆる分野で応用されている非常に使い勝手の良いモデルです。今回はその中でも最も利用されている線形回帰モデルとロジスティック回帰について紹介します。

■ 線形回帰モデル

線形回帰モデルは、目的変数を直線的な関係で予測するモデルです。各説明変数が目的変数に対して何らかの影響を与えているのか否か、与えているとすればどれくらいの影響力があるのかを明らかにします。実は、先ほどの身長と体重で引いた直線も体重を目的変数とした線形回帰モデルです。

では、実際にR言語を使って分析をしてみましょう。今回は、仮想の投資と売上のデータを使います（リスト13、図7）注1）。

R言語で線形回帰モデルを構築するには、lm関数を使います。これだけで、モデルが構築されました。summary関数でモデルの概要を確認できます（リスト14）。

注1）サンプルデータは次のURLにあります。 URL http://gihyo.jp/book/2016/978-4-7741-8360-2/support

◆リスト14 線形回帰モデルの構築と概要

```
amount1.lm1 <- lm(amount~invest, data=amount1.data)
summary(amount1.lm1)

Call:
lm(formula = amount ~ invest, data = amount1.data)

Residuals:
Min 1Q Median 3Q Max
-31.52 -8.27 0.32 8.70 36.96

Coefficients:
Estimate Std. Error t value Pr(>|t|)
(Intercept) 229.8129 2.5617 89.7 <2e-16 ***
invest 0.4555 0.0159 28.6 <2e-16 ***
---
Signif. codes: 0 '***' 0.001 '**' 0.01 '*' 0.05 '.' 0.1 ' ' 1

Residual standard error: 13.1 on 198 degrees of freedom
Multiple R-squared: 0.805, Adjusted R-squared: 0.804
```

第1章
データの把握、可視化と多変量解析
Rで統計解析をはじめよう

◆図8 残差のパターン

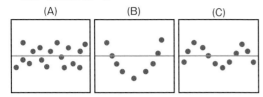

◆リスト15 逓減型の回帰モデルの描画

```
ggplot(amount1.data, aes(x = invest, y = amount)) +
    geom_point() +
    theme_bw(16) +
    geom_smooth(method = "lm", formula = y ~ log(x))
```

◆図9 残差の分布と回帰診断図

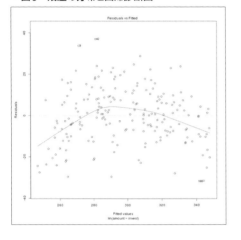

◆図10 逓減型の回帰モデル

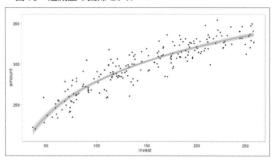

◆図11 逓減型回帰モデルでの残差

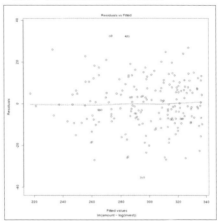

● Residuals

残差（予測値と実績値の差）の分布を四分位数で表していて、偏りがあるか否かの判断材料になります。

● Coefficients

推定された切片と傾きに関する概要です。各行は推定値（**Estimate**）、標準誤差（**std. Error**）、t値（**t value**）、p値（**Pr(>|t|)**）の順に並んでおり、その傾きがどれくらいばらつくのか、統計的な有意性があるのかないのかがわかります。

● Multiple R-squared、Adjusted R-squared

決定係数とその自由度調整値です。決定係数が1に近いほどこのモデルの当てはまりが良いことを示しています。決定係数は、説明変数が増えると高くなる性質があります。自由度調整値とは、この説明変数の数の影響を除外した値になります。

ここまでが線形モデルの構築ですが、ここでは、もう一歩踏み込んで、残差の分布についても確認してみましょう。回帰モデルにおいて、残差の傾向をつかむことはモデルの妥当性の確認だけでなく、そのあとの分析への大きな手がかりとなります。図8にいくつかの残差のパターンの例を示し

ます。（A）は、ほどよく残差が散らばっていますが、（B）は、何やら曲線の関係を疑う必要ありそうです。（C）は、何かしらの周期性を持っているため、周期的な変動をする説明変数の検討をしたほうが良いと言えます。では今回構築したモデルの残差を確認してみます。R言語では、構築したモデルを次のように plot 関数に入れることで残差を確認できます（図9）。

```
plot(amount1.lm1, which=1)
```

summary 関数によるモデルの概要は、誌面の都合上表示しませんが、決定係数（Multiple R-squared）は0.805と当てはまりが良く、残差の分布を見ると

35

◆ リスト16　逓減型回帰モデルの構築

```
amount1.lm2 <- lm(amount~log(invest), data=amount1.data)
summary(amount1.lm2)

Call:
lm(formula = amount ~ log(invest), data = amount1.data)

Residuals:
    Min     1Q  Median     3Q    Max
 -35.33  -7.18   -0.87   7.54  32.37

Coefficients:
            Estimate Std. Error t value Pr(>|t|)
(Intercept)    -5.01       9.44   -0.53      0.6
log(invest)    61.57       1.91   32.25   <2e-16 ***
---
Signif. codes:  0 '***' 0.001 '**' 0.01 '*' 0.05 '.' 0.1 ' ' 1

Residual standard error: 11.8 on 198 degrees of freedom
Multiple R-squared: 0.84,    Adjusted R-squared: 0.839
F-statistic: 1.04e+03 on 1 and 198 DF,  p-value: <2e-16
```

◆ 表1　Titanicデータセット

項目	内容
Class	一等、二等、三等、船員
Sex	男性、女性
Age	子供、大人
Survived	死亡、生還

◆ 図12　ロジスティック回帰モデル

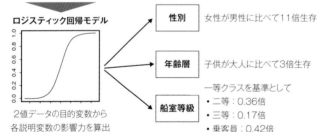

◆ 図13　Titanicデータの決定木モデル

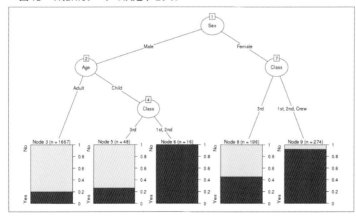

山のようなパターンが見られます。これは、予測値が中ほどの値のときはうまくフィットしているが、両端ではフィットしていないということです。図9をあらためてよく見てみると、傾きが最初のうちは大きく、次第に緩やかになっているように見えます。そこで、逓減するような曲線にするために、investを対数に変換してみます。geom_smoothのオプションでformulaを指定することですぐに可視化できます（リスト15）。

ただの直線よりも、かなりフィットするようになりました（図10）。では、こちらもモデルを構築してみましょう（リスト16）。

決定係数が、0.84と先ほどよりも高くなりました。

次のように残差の分布を見てみると、直線でフィットさせたときに比べて、上下に散らばるような分布になっていることが確認できます（図11）。

```
plot(amount1.lm2, which=1)
```

■ ロジスティック回帰モデル

ロジスティック回帰モデルについて説明するために、まず例を紹介します。使うデータは、Rにデフォルトで入っているTitanicデータセットで、タイタニック号の乗客の生存情報です（表1）。

ロジスティック回帰モデルを使うと、この乗客の各属性が生存にどのような影響を与えていたのかを明らかにできます（図12）。「女性は男性に比べて11倍生存する確率が高い」のように、ある基準と比較して目的の確率が○倍にな

第1章 データの把握、可視化と多変量解析
Rで統計解析をはじめよう

◆ リスト17　ロジスティック回帰モデルの構築

```
# データの整形
z <- data.frame(Titanic)
titanic.data <- data.frame(
    Class=rep(z$Class, z$Freq),
    Sex=rep(z$Sex, z$Freq),
    Age=rep(z$Age, z$Freq),
    Survived=rep(z$Suvived, z&Freq))
# モデル構築
titanic.logit <- glm(Survived~., data=titanic.data, family=binomial)
summary(titanic.logit)

Call:
glm(formula = Survived ~ ., family = binomial, data = titanic.data)

Deviance Residuals:
Min 1Q Median 3Q Max
-2.081 -0.715 -0.666 0.686 2.128

Coefficients:
Estimate Std. Error z value Pr(>|z|)
(Intercept) 0.685 0.273 2.51 0.012 *
SexFemale 2.420 0.140 17.24 < 2e-16 ***
AgeAdult -1.062 0.244 -4.35 1.4e-05 ***
Class2nd -1.018 0.196 -5.19 2.1e-07 ***
Class3rd -1.778 0.172 -10.36 < 2e-16 ***
ClassCrew -0.858 0.157 -5.45 5.0e-08 ***
---
Signif. codes: 0 '***' 0.001 '**' 0.01 '*' 0.05 '.' 0.1 ' ' 1

(Dispersion parameter for binomial family taken to be 1)

Null deviance: 2769.5 on 2200 degrees of freedom
Residual deviance: 2210.1 on 2195 degrees of freedom
AIC: 2222

Number of Fisher Scoring iterations: 4
```

◆ リスト18　epicalcパッケージの読み込みとオッズ比の算出

```
# パッケージの読み込み
install.packages("devtools")
library(devtools)
install_github("cran/epicalc")
library(epicalc)

# オッズ比の算出
logistic.display(titanic.logit, simplified=T)

OR lower95ci upper95ci Pr(>|Z|)
SexFemale 11.2465 8.5409 14.8093 1.432e-66
AgeAdult 0.3459 0.2144 0.5581 1.360e-05
Class2nd 0.3613 0.2460 0.5305 2.053e-07
Class3rd 0.1690 0.1208 0.2366 3.692e-25
ClassCrew 0.4241 0.3116 0.5774 5.005e-08
```

る、というアウトプットです。また、このような比をオッズ比と言います。

ではさっそくモデルを構築してみましょう。R言語でロジスティック回帰モデルを作るには、glm関数を使います（リスト17）。

モデルができたら、オッズ比を確認してみましょう。epicalcパッケージのlogistic.display関数で見ることができます（リスト18）。ORがオッズ比です。

決定木モデル

決定木モデルは、説明変数を値や範囲などで分割させて予測や判別のルールを構築するモデルです。そのルールを家系図のようなツリー構造で可視化できるため、データ分析に詳しくない人でもすぐに理解できることや、if文を並べるだけで簡単に実装できるというメリットがあります。樹木モデルは、目的変数が量的データの場合は「回帰木」、質的データの場合は「分類木」と呼ばれています。

■ 分類木モデル

ロジスティック回帰モデルのときに使用したタイタニック号のデータに、決定木を使って生存可否の分類をして、可視化します（リスト19）。

図13を見ると、最初に性別で分岐されています。つまり性別によって助かりやすさが大きく違うことを意味しています。しかし、女性の中でも、船室が三等クラスだった方は、一等二等、さらに乗客員よりも助かる確率が低いようです。

多変量解析：分類

多変量解析における分類モデルには、多数の変数で記述されたデータの類似関係を明確化する目的があります。大きく分けて次元縮約とクラスタリングの2つがあります。

多次元のデータを要約する

■ 主成分分析

複数の量的データで表されたデータの類似関係

表2　state.x77データセット

項目	内容
Population	人口の推定値
Income	一人当たりの所得
Illiteracy	非識字率
Life Exp	平均寿命の年齢
Murder	100,000人当たりの殺人件数
HS Grad	高校卒業率
Frost	大都市の凍結以下の日数の平均値
Area	平方マイル

リスト19　決定木モデルの構築

```
install.packages("partykit")
library(rpart)
library(partykit)

# 決定木モデルの構築
titanic.rp <- rpart(Survived~., data=titanic.data)

# 決定木の描画
plot(as.party(titanic.rp), tp_args=T)
```

リスト20　主成分分析の実行

```
# 主成分分析の実行
state.pca <- prcomp(state.x77[, 1:6], scale=T)

# バイプロットの描画
biplot(state.pca)
```

図14　主成分分析のイメージ

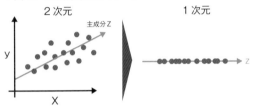

を把握するために、なるべく情報を落とさずに少ない次元に要約するときに使う手法です。2次元のデータを1次元に要約する様子を**図14**に示します。ここで言う情報とはデータの散らばりのことで、散らばりがなるべく残るような軸を見付けて、その軸にデータを落とし込みます。

実際には多次元のデータを二次元の図で視覚化するときによく使います。ここでは、state.x77データセット（**表2**）を使った実行例を紹介します。state.x77は、1970年代米国50州の8項目に関する統計データです。

R言語で主成分分析を実行する関数はいくつかありますが、ここでは**prcomp**関数を使って実行し（**リスト20**）、結果をバイプロットと呼ばれるグラフで表示してみます（**図15左**）。

図15　state.x77の主成分分析の結果

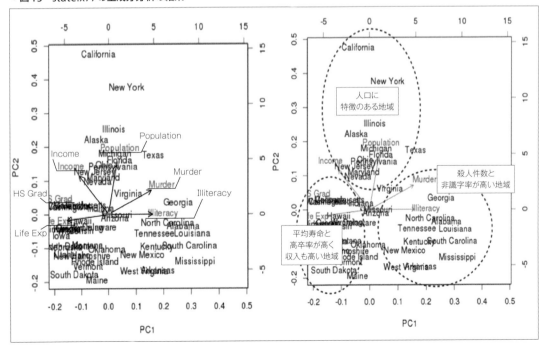

第1章
データの把握、可視化と多変量解析
Rで統計解析をはじめよう

◆リスト21　MDSの実行

```
# データの読み込み
hdist <- read.table("HokkaidoCitiesMDS.tsv", header=F)
hcities <- c("札幌","旭川","稚内市","釧路市","帯広市","室蘭市","函館","小樽")
names(hdist)    <- hcities
rownames(hdist) <- hcities

# MDSの実行
hdist.cmd <- cmdscale(hdist)

# 描画のためのデータ整形
hdist.cmd.df <- as.data.frame(hdist.cmd)
hdist.cmd.df$city <- rownames(hdist.cmd.df)
names(hdist.cmd.df) <- c("x","y","city")

# 描画
ggplot(hdist.cmd.df,aes(x=-x,y=-y,label=city)) +
  geom_text() +
  theme_bw(16)
```

　変数の矢印は、伸びている方向に行くほど、その変数の値が大きくなることを意味しています。これを考慮してグラフを見ると、このデータセットはおおまかに3つのグループに分けることができそうです。1つは、PC1軸で右側に固まっている、殺人件数（Murder）・非識字率（Illiteracy）が高い地域、2つめはPC1軸で左側に固まっている、平均寿命（Life Exp）と高卒率（HS Grad）、収入（Income）が高い地域、3つめがPC1軸は0付近でPC2軸の上に固まっている人口（Population）が多い地域です。以上の内容を図に書き込んだのが図15の右側です。

■多次元尺度法（MDS）

　MDS（*Multi Dimentional Scaling*）は端的に言うと、データ間の距離や類似度を使って仮想的なマップを作成する手法です。ブランドイメージなど、実際には目に見えないデータの位置づけを二次元で可視化できます。マップ上でのデータの集まり方から、そのデータセットがだいたいどれくらいのクラスタに分類できそうかなどを見積もることもできます。

◆図16　北海道の都市間距離を使ったMDSの例

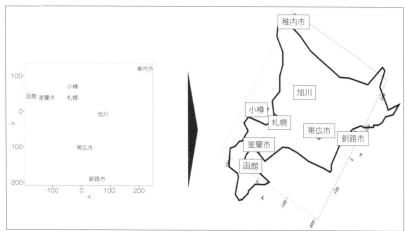

◆図17　クラスタリングのイメージ

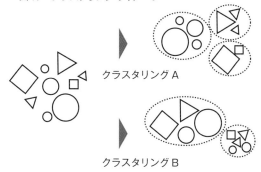

　データ間の類似度や距離から二次元のマップに落とし込むイメージをつかむために、実際の距離情報を使って説明します。使うデータは、北海道の都市間の直線距離データです。R言語でMDSを実行する

◆ 図18　k-meansのイメージ

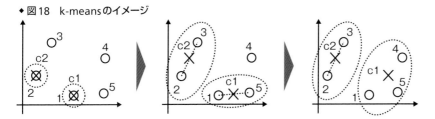

◆ 図19　k-meansによるクラスタリングの結果

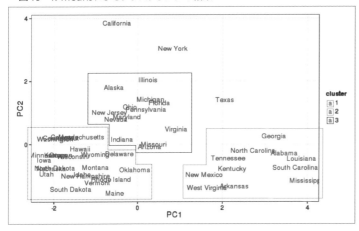

◆ リスト22　k-meansの実行

```
# k-meansの実行
state.km <- kmeans(scale(state.x77[,1:6]),3)

# 主成分分析の結果にクラスターの情報を付与する
state.pca.df <- data.frame(state.pca$x)
state.pca.df$name <- rownames(state.pca.df)
state.pca.df$cluster <- as.factor(state.km$cluster)

# 描画
ggplot(state.pca.df,aes(x=PC1,y=PC2,label=name,col=cluster)) +
  geom_text() +
  theme_bw(16)
```

ングする手法です（図17）。大きく分けて階層的クラスタリングと非階層的クラスタリングの2つがあります。今回は非階層的クラスタリングの1つであるk-means法について簡単に紹介します編注。

■ k-means

k-meansは非階層的クラスタリングの代表的な手法で、次の手順でデータをグルーピングします。図18は、k-meansの実行イメージです。

①k個のクラスタの中心の初期値を決める
②各データをk個クラスタ中心との距離を求め、もっとも近いクラスタに分類
③形成されたクラスタの中心を求める
④クラスタの中心が変化しない時点までステップ②③を繰り返す

R言語でk-means法を実行するには、kmeans関数を使います（リスト22）。主成分分析で扱った、state.x77データを使ってクラスタリングし、可視化してみます。主成分分析のときにおおまかに3つのグループに分かれそうと見積もっていたので、クラスタ数は3を指定しています。

主成分分析で検討したとおりの3つのクラスタになっていることがわかります（図19）。各クラスタの

には、cmdScale関数を使います（リスト21）。

地域間の距離だけを使って、各都市間の位置づけを算出したものが図16の左です。ひと目見ただけではよくわからないですが、回転させると図16の右のように、実際に地図と似たような配置になります。このように、対象間の距離さえあれば地図を再現できるので、ブランドイメージなどの実際には見えないものに関しての位置づけを地図として可視化できるのです。

■ クラスタリング

クラスタリングは、多数の変数で表現されたデータを、類似度をもとに似ているもの同士にグルーピ

編注）k-means法については特集1第3章、第4章でも解説しています。

特徴をつかむために、レーダーチャートというグラフもよく使われます。R言語ではfmsbパッケージにあるradarchart関数で作成できます（リスト23）。

図20[注2]を見ると、クラスタ1（濃い線 ―）は、ほかのクラスタに比べて平均寿命、高卒率、収入が高い特徴があり、クラスタ2（薄い線 ―）は殺人件数と非識字率が、クラスタ3（点線 ┄┄）は人口が多いという特徴が表れています。

◆図20　レーダーチャート

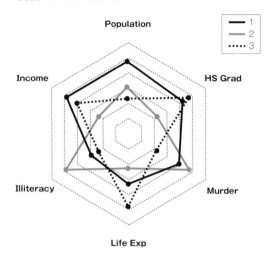

注2）実際に描画された図は色分けで表示されますが、今回はモノクロでもわかりやすいようにして表示しています。

◆リスト23　レーダーチャートの作成

```
library(fmsb)

# レーダーチャート用にデータを整形
df <- as.data.frame(scale(state.km$centers))
dfmax <- apply(df, 2, max)+1
dfmin <- apply(df, 2, min)-1
df <- rbind(dfmax,dfmin,df)

# レーダーチャートの描画
radarchart(df,seg=5,plty=1,pcol=rainbow(3))
legend("topright",legend=1:3,col=rainbow(3),lty=1)
```

◆リスト24　caretによるSVMとランダムフォレストの実行

```
library(caret)
library(e1071)

data(spam)
head(spam)
table(spam[,58])

# 学習用のデータとテスト用のデータに分ける
train.index <- createDataPartition(spam$type,p=0.5,list=F)
spam.train <- spam[train.index,]
spam.test <- spam[-train.index,]

# training方法のカスタマイズ: LGOCVで75%をtrainingに使い5回繰り返す
fitControl <- trainControl(method="LGOCV",
                           p=0.75,
                           number=5)
# SVM
spam.svm <- train(spam.train[,-58], spam.train$type,
                  method="svmRadial",
                  preProcess=c("center", "scale"),
                  trControl=fitControl)

# ランダムフォレスト
spam.rf <- train(spam.train[,-58], spam.train$type,
                 method="rf",
                 preProcess=c("center", "scale"),
                 trControl=fitControl)

allPred <- extractPrediction(list(spam.svm,spam.rf),
                             testX=spam.test[,-58],testY=spam.test$type)
testPred <- allPred[allPred$dataType=="Test",]

tp.svm <- testPred[testPred$model=="svmRadial",]
tp.rf <- testPred[testPred$model=="rf",]

confusionMatrix(tp.svm$pred,tp.svm$obs)
confusionMatrix(tp.rf$pred,tp.rf$obs)
```

◆図21　渦巻きデータの予測比較

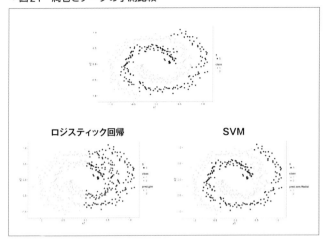

◆図22　マージン最大化による分離

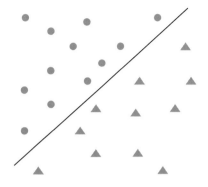

◆図23　高次元空間での分離

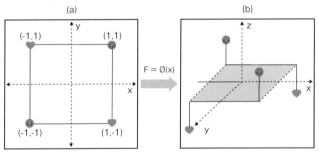

◆図24　ランダムフォレスト

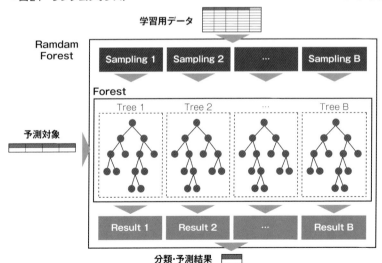

機械学習

　最後に、統計解析よりも高度な予測や分類を実現する機械学習について概要だけ紹介します[編注]。機械学習では、その名のとおり機械に学習させることで、これまで述べたような手法では扱えないような複雑な構造のデータを高い精度で予測・分類を実現します（図21）。統計解析のように分析結果から何かを考察したり示唆を得たりすることは難しいですが、スパムフィルタのように精度や自動化が求められる場面では非常に強力なツールです。

　機械学習は大きく、教師あり学習と教師なし学習、強化学習の3つに分かれます。ここでは、教師あり学習の例としてSVMとランダムフォレストをかんたんに紹介します。

　代表的な教師あり学習の手法として、SVMとランダムフォレストがあります。R言語ではそれぞれ関数が用意されていますが、caretパッケージを使うと一連の流

編注）機械学習については弊社発行の『データサイエンティスト養成読本 機械学習入門編』（ISBN978-4-7741-7631-4／2015年）を参考にしてください。

れを統一的な記述で描くことができるので便利です（リスト24）。

■ SVM

SVM（*Support Vector Machine*）は、2つのクラスを分類するための分離平面を引く手法です。2つのクラスを分類するだけなら分離平面はさまざまなパターンが考えられますが、SVMでは、「どちらのクラスからもなるべく遠い位置で分ける」ことを基準として分離平面を算出します（図22）。また、非線形なデータに関しても、データを高次元に変換することでうまく分離できます（図23）。

■ ランダムフォレスト

ランダムフォレストは、決定木の集団学習によって高精度な回帰予測やクラス分類を行う手法です（図24）。変数をランダムサンプリングしたサブセットを用いて学習するため、説明変数が数百、数千の場合でも効率的に動作します。また、欠損値を持つデータでも有効に動作し、個体数がアンバランスでもエラーバランスが保たれるなどの特徴があります。

おわりに

ここまでR言語による統計解析を解説してきました。これを機にデータ解析の一歩を踏み出していただけると幸いです。

参考資料
1. 『入門機械学習』（Drew Conway、ohn Myles White著／オライリージャパン／2012年／ISBN978-4873115948）
2. 『Rによるデータサイエンス - データ解析の基礎から最新手法まで』（金 明哲著／森北出版／2007年／ISBN978-4627096011）
3. 『Rで学ぶデータサイエンス1 カテゴリカルデータ解析』（藤井 良宜著／共立出版／2010年／ISBN978-4320019218）
4. 『Rで学ぶデータサイエンス2 多次元データ解析法』（中村 永友著／共立出版／2009年／ISBN978-4320019225）
5. 『Rで学ぶデータサイエンス5 パターン認識』（金森 敬文、竹之内 高志、村田 昇著／共立出版／2009年／ISBN978-4320019256）
6. 『Rで学ぶデータサイエンス6 マシンラーニング 第2版』（辻谷 將明、竹澤 邦夫著／金 明哲編／共立出版／2015年／978-4320111035）
7. 『Rで学ぶデータサイエンス10 一般化線形モデル』（粕谷 英一著／共立出版／2012年／ISBN978-4320110144）
8. 『Rで学ぶデータサイエンス17 社会調査データ解析』（鄭 躍軍、金 明哲著／共立出版／2011年／ISBN978-4320019690）
9. 多変量解析のための基礎知識／分析力をコアとする情報最適化企業・株式会社ALBERT（アルベルト）
http://www.albert2005.co.jp/technology/multivariate/basis.html
10. the caret packages
http://caret.r-forge.r-project.org/
11. caretパッケージ紹介
http://www.slideshare.net/dichika
12. [データマイニング＋WEB勉強会] [R勉強会] はじめてでもわかる R言語によるクラスタ分析 －似ているものをグループ化する
http://www.slideshare.net/hamadakoichi/webr-r
13. [データマイニング＋WEB勉強会] はじめてでもわかる RandomForest 入門－集団学習による分類・予測 －
http://www.slideshare.net/hamadakoichi/randomforest-web

特集 1　データ分析実践入門

第2章

Rをさらに便利に使える統合開発環境

RStudioでらくらくデータ分析

R言語をさらに使いこなすためには、RStudioの利用がお勧めです。ここではRStudioの基本機能から、Projectの管理方法、さらにはGitでのバージョン管理、RStudio Serverの使い方まで解説します。

㈱サイバーエージェント
和田 計也　*WADA Kazuya*　wada.kazuya@cyberagent.co.jp　Twitter：@wdkz

はじめに

データサイエンティストを目指すなら、まずは実際のデータを使って分析してみることが大切です。データ分析をするためのツール（ソフトウェア）はいくつか選択肢がありますが、本書ではRをメインに取り上げています。Rはさまざまな分析手法の実装がライブラリで公開されているため便利ですが、CLI（*Command Line Interface*）のためそのままではたいへん使いにくい一面があります。そこで、RStudioの利用をお勧めします。本稿では、RStudioの便利な使い方について解説していきます。

RStudioとは

RStudioとは、RStudio社がおもに開発をしているフリーのオープンソースソフトウェアで、Rのコーディングに特化したIDE（*Integrated Development Environment*；統合開発環境）です注1。R-1.0.0が2000年にリリースされてからR言語で開発できるIDEはいくつかありました注2が、どれもユーザには普及しませんでした。そんな中、2011年にはじめてRStudioが一般に公開されると、インストールの手軽さもあいまって、あっという間にR開発者に拡がり、R言語のコーディングでは事実上標準のIDEとなりました注3。

注1） 有償版のProエディションもあります。
注2） EclipseのプラグインやIntelliJのプラグインなど
注3） 日本国内だと日本語化対応後に一気に広まった印象があります。

RStudioを使ってみよう

インストール

RStudioにはデスクトップ版（クライアント版）とサーバ版があり、デスクトップ版はWindows、Mac OS X、Linuxなど主要なOSでのインストーラが用意されています。まずはデスクトップ版のインストールをしてみましょう。デスクトップ版は次のURLから自分のOS環境にあったインストーラをダウンロードできます。

https://www.rstudio.com/products/rstudio/download/

なお、Rがまだインストールされていない場合は、同じく上記のサイト内リンクからダウンロードしてインストールしておきましょう。本稿では、R-2.11.1以上を使用します。

RStudioデスクトップ版のインストーラのダウンロードが終わったら、その後はインストーラの指示に従うだけで、どのOSであってもセットアップできるでしょう。

基本操作

RStudioはEclipseのようなIDEとしての機能を豊富に有しています。ここではIDEとしての基本的な機能を紹介していきます。

図1のとおりRStudioは4つのパネルから構成されています。左上がSource editor / data viewパ

第2章
Rをさらに便利に使える統合開発環境
RStudioでらくらくデータ分析

◆図1　RStudioの4つのパネル

◆図2　Workspaceタブでオブジェクトを指定

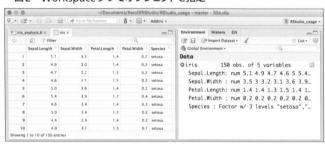

◆図3　Historyタブでコマンドの一覧を確認

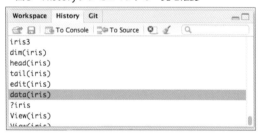

ネル、左下がR consoleパネル、右上がWorkspace / Historyパネル、右下がFiles / Plots / Packages / Helpです。左上パネルのSource editorでコーディングをして、左下パネルのR consoleで実行、そのほかのパネルは補助的に使います。それでは順に説明していきます。

■Source editor / data view（左上）

ソースコードをコーディングするエリアとデータを閲覧するエリアです。分析業務では、このパネルを最もよく利用します。

■R console（左下）

Rのコンソールです。コードを実行して結果を出力します。このR consoleの部分は、R本体とほぼ同じなので、ここだけで分析していたとしたら、それはRStudioの機能を使いこなしているとは言えないでしょう。

■Environment / History / Git（右上）

Environment内のオブジェクト一覧とコマンドの履歴を表示するコマンドヒストリーをタブで切り替えて見ることができるエリアです。R Consoleで作業している場合は、lsコマンドでオブジェクトの一覧がつねに型とともに表示されます。また、表示されているオブジェクトを選択すると、左上の「data view」にデータが表示され、データの中身をかんたんに確認できます（図2）。

Historyタブにはコマンドのヒストリー一覧が表示されています（図3）。

コマンドを選択して enter を押すと「R console」にコマンドを送ることができるので、コマンドの再実行時に有効です。また shift + enter でソースコードエディタに送ることができます。「R console」にコマンドを入力して、ソースコードに記述していなかったときに利用できます。

このほかに、Project[注4]がGitかSubversionでバージョン管理されている場合は、「Git」もしくは「SVN」というバージョン管理用のタブが表示されます。

■Files / Plots / Packages / Help / Viewer（右下）

右下部分には4つの機能があります。

①「Files」タブを選択

Projectで指定したフォルダ内のファイル一覧が

注4）RStudioでデータ分析する際の1つのまとまり。

◆図4　Projectで指定したフォルダ内の一覧

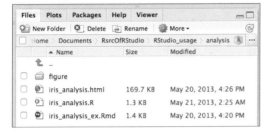

◆図5　Plotsタブでグラフ結果を表示

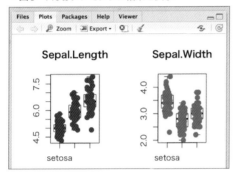

◆図6　Zoomボタンで新規ウィンドウを表示

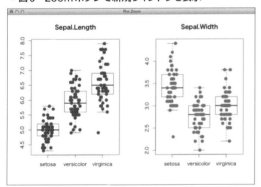

◆図7　プロット図の出力を設定

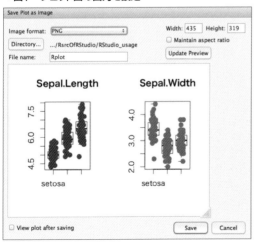

◆図8　インストール済みパッケージの表示

表示されます。R Consoleで作業している場合は`dir`コマンドでデータセットやRのデータファイルの一覧を出力してファイルを探すことができます。つねにファイル一覧が表示されているので、読みたいCSV（*Comma Separated Value*）ファイルなどを手軽に探し出すことができます（図4）。

② 「Plots」タブを選択

R Consoleでグラフの描画（`plot`関数など）をした結果が出力されます（図5）。

グラフが小さくて見づらいときは、Zoomボタンで新規ウィンドウに拡大して表示できます（図6）。また、描画された図をファイルに出力する場合は、Exportボタンで出力用ウィンドウが表示できます。出力用ウィンドウではファイルフォーマットの選択や、画像サイズの設定などがかんたんにできます（図7）。「Console」からの画像出力はサイズの設定が面倒ですが、その設定から解放されるので、分析にあてる時間を増やすことができるでしょう。

③ 「Packages」タブを選択

ローカルにインストール済みのパッケージ一覧が表示されており、マウスで選択するだけでかんたんにパッケージを読み込むことができます（図8）。

④ Helpタブを選択

呼び出したヘルプが出力されます（図9）。

RStudioでらくらくデータ分析

◆図9　Help画面

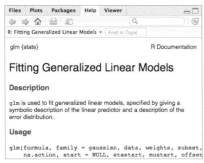

◆図11　コードアシスト機能

◆図12　関数の引数候補を表示

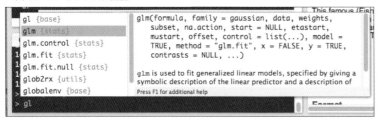

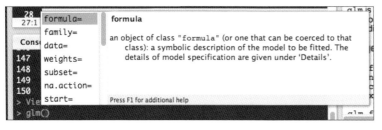

◆図10　関数にジャンプする

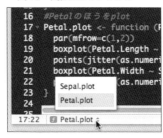

◆図13　関数の中身が表示されない

そのほかの便利機能

■コードの折りたたみ

EclipseのようなIDE同様に、関数やfor文などのブロック単位でソースコード折りたたむことができ、見た目をすっきりさせることが可能です。

■関数の切り取りと関数へのジャンプ

コーディングをしていると、ある程度まとまった処理を関数として定義したくなることも出てくるでしょう。その場合はコードのなかで関数にしたい部分を選択して「Code」→「Extract Function」と順にクリックしてください。関数名を入力するウィンドウが現れますので、適切な関数名を入力して「OK」すれば関数が定義できます。関数として定義できたらSource Editorの左下に関数名のリストが出てきますので関数名をクリックすることで、該当の関数にジャンプできるようになります（図10）。

■コードアシスト機能

コーディングの効率をアップさせるためにRStudioは高機能なコードアシスト機能があります。たとえば、関数名をコーディングするとき、途中まで関数名を打って tab を押すと候補が現れます（図11）。また、関数名とカッコを入力後に tab を押すと、関数の引数候補がヘルプともに表示されます（図12）。関数の正確な使い方を覚えていなくても、このアシスト機能があるのでコーディングは早くなるはずです。

なお、このコードアシスト機能は「Source editor」パネル、「R console」パネルどちらであっても同じように動作します。

■Source Viewer

Source Viewerもまた便利な機能です。たとえば、glm関数で得られた結果を表示するsummary関数の実装が知りたくなったとします。通常は関数名をコンソールに入力すると、コーディングされた関数の中身が出力されますが、summary関数のような総称的関数の場合だと図13に示すとおり関数

47

の中身が出力されません。これらの総称的関数は引数で与えるオブジェクトの種類によって、実際に呼び出されて使われる関数が決まるしくみになっているからです。こういった場合はR consoleで`summary`と入力したあとに`f2`を押すとSource Viewerが表示されます（図14）。このSource Viewerで関数を選択すると多数の`summary`関数族の候補が表示されます。今回の`glm`関数の結果を`summary`する関数は`summary.glm`だろうとかんたんに予想できるので`summary.glm`をクリックすると`summary.glm`関数のコーディングが表示されます。

◆図14 Source Viewerの表示

Project

RStudioではEclipseと同様にProjectという概念があります。まずProjectを作成してそこに分析コードなどを保存していきます[注5]。

まずProjectを作成してみましょう。RStudioの右上の「Project」から「Create Project」を続けてクリックしてください（図15）。「New Project」「Existing Directory」「Version Control」と表示されるウィンドウに必要な記入をそれぞれします。最もかんたんな作成方法は「New Project」を選んでProject名と保存するディレクトリを選択することです（Version Controlに関しては後述します）。

Projectが複数存在する場合、右上の「Project」からProjectを変更できます。たとえばPrj1からPrj2に変更する場合はリスト1の処理をしますが、これがマウスで変更をするだけで良いというのは便利でしょう。

Reproducible Researchのススメ

Reproducible Researchとは

「Reproducible Research」とは再現可能な研究のこと[注6]です。分析ビジネスの現場では、GUI

注5）Projectを生成せずにProject:(none)状態で分析を進めていくことも可能ですが、混乱を避けるためにもProjectを生成することを推奨します。
注6）データサイエンティストにとっては再現可能なデータ分析のこと。

◆図15 Projectの作成

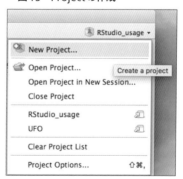

◆リスト1 Projectを変更する場合

```
rm(list=ls())
gc();gc()
setwd("../Prj2")
```

RStudioでらくらくデータ分析

第2章 Rをさらに便利に使える統合開発環境

（*Graphical User Interface*）ベースのソフトウェアではなく、コマンド実行型のRをデータ分析に用いる利点がいくつかあると思います。とくに、Rでは分析処理の内容をコードレベルで保存できるので、あとから結果を再現しやすいという利点がそのひとつです。

とはいえ、これまでのRはコードと分析結果・プロット図が分離していたため、コードはテキストファイルで保存し、分析結果とプロット図はPowerPointなどの別ファイルで保存するといった運用がされてきました。このような運用は「あれっ、このプロット図ってこのコード中の何行目でプロットしてたんだっけ？」といった事態が起きることもあり、「Reproducible Research」とは言えませんでした。

このような問題を解決したのがRのknitrパッケージです。RStudioではknitrパッケージ使ってReproducible Researchを実現しています。次節では、knitrパッケージについて解説していきます注7。

knitr

knitrとは

knitrはRのパッケージのひとつで、2011年10月ころからアイオワ州立大学の統計学科に在籍した大学院生Yihui Xie氏によって開発が進められています（現在、彼はRStudio社のエンジニアになっています）。このknitrパッケージを利用することで誰でも容易にReproducible Researchが実現できます。

knitrの準備

RStudioでknitrを利用するためには、はじめにパッケージをインストールする必要があります。左下のコンソールエリアで次のコマンドを入力してください。

```
packages.install("knitr")
```

パッケージのインストールが終わったら、RStudioを再起動してくだ

さい。再起動することでknitrが有効になります。これで準備は完了です。

■ Reprodecible Researchの実現

knitrとRStudioでReproducible Researchを実現するには驚くほど簡単です。一般的にはデータ分析のためのコードは拡張子「.R」で保存されています。「Source Viewer」でこの.Rファイルを開き「Souce Viewer」の右上にある「Compile Notebook」をクリックしてください注8（図16）。続いて現れるウィンドウはそのままで「Compile」ボタンをクリックます。すると図17のようなRStudioのブラウザが立ち上がり、出力されたレポートが閲覧できます。ソースコードと結果の出力が1つのファイル（.html形式）にまとめられているため、同一の分析を再現するのがかんたんになりました。これがまさに**Reproducible Research**です。

たったこれだけでReproducible Researchが実現できるknitrとRStudioの組み合わせは、何とすばらしいものでしょう。普段からRを使用しているユーザにとっては、追加コストなしでReproducible Researchを実現できるため、ぜひ読者のみなさんには活用してほしいと思います。

また、図17のブラウザの右上にある「Publish」ボタンを押せば、RPubs（http://rpub.com）にかんたんに公開できます（図18）。RPubsはRStudio.comが運営しているサイトで、世界中のアナリストたちがRStudioで作成したReproducible Research Reportを公開しているサイトです。業務で行った分析内容を公開することはないと思いますが、業務外での分析経験や知識を共有できるサービスですので

注8) たいへんわかりにくいですが、Sourceボタン右のアイコンです。

◆ 図16　Compile Notebook

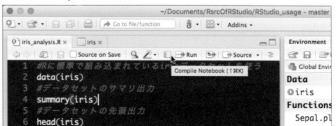

注7) Rには従来から標準で「Reproducible Research」を実現するSweaveというライブラリが存在していますが、Latexで操作するので「誰でも容易に」というわけにはいきませんでした。

積極的に活用しましょう。

RMarkdown

先ほどは.Rファイルからレポート出力しましたが、もっと凝ったレイアウトにしたい場合はMarkdown形式で記述して拡張子「.Rmd」形式で保存します。Markdown形式はGitHubでも採用されているので、エンジニアにとっては馴染みがある形式でしょう。最もシンプルなRMarkdownの記述は**リスト3**のようにして拡張子「.Rmd」で保存してください。

レポートを出力するには「Knit HTML」ボタンをクリックしてください。Markdownで記述するため少し記述が複雑になりますが、一方で、見出し、リスト、リンク、テーブル、数式などを表現できる利点がありますので、どちらを利用するかは各自で判断することになります。Markdownの記述方法は「Help」→「Markdown Quick Reference」で確認できます。

なおMarkdown形式以外にも、HTML形式やSweave形式（ほぼLatex）で分析コードを記述して、Reproducible Researchする方法もRStudioはサポートしています。興味がある読者はヘルプサイトを見てください。

レポート出力の自動化

RファイルもしくはRMarkdownファイルからレポート出力できることがわかると、今度はこのレポートをデイリーやマンスリーで自動的に出力したくなると思います。ここではRMarkdown形式で記述した.Rmdファイルをもとに定型レポートを自動出力する例を紹介します。

Apacheなどのhttpdサーバを使う方法

Apache httpdやnginxなどのhttpサーバを立ち上げて、特定のフォルダにhtmlファイルをマンスリーで出力すれば、ユーザは各自のブラウザから指定されたURLにアクセスすることでレポートを見ることができます。たとえばある日の日産マーチの中古車情報を取得、分析してレポーティングするコードが**リスト4**のcarsensor.Rmdだとします（この分析により、中古車価格に影響を与えている要因がわかります）。

この.Rmdファイルを入力として、マンスリーでhtmlを出力するコードが**リスト5**です。

あとはリスト5のrun_carsensor.Rをcron注9で毎日決まった時刻に動作するように設定しておけば定

◆ 図17　ソースコードとレポートが1つのレポートに出力される

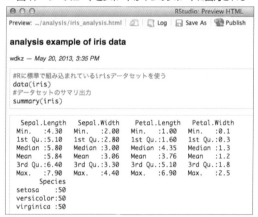

◆ 図18　RPubsのスタート画面

注9）ユーザの指定したスケジュールで、コマンドを実行するプログラム

◆ リスト3　RMarkdown形式で保存する

```
#「.R」で保存してあるRコードの最上部に
```{r}
中略
#を付けて最下部に
```
```

第2章 Rをさらに便利に使える統合開発環境
RStudioでらくらくデータ分析

◆リスト4 中古車情報レポートのダミー「carsensor.Rmdファイル」

```
```{r}
library(XML)
print(paste0(Sys.Date(), "のレポート"))
car.data <- do.call(rbind, lapply(matrix(seq(1,3001,50), ncol=1),function(x)
{xmlToDataFrame(paste0("http://www.carsensorlab.net/webapi/V2/usedCarSearch/?model=マーチ
&count=50&start=", x))}))
car.data <- subset(car.data, !is.na(No))[,which(colnames(car.data) %in% c("Price", "Meter",
"EntryYear", "Region"))]
car.data$Price <- as.integer(car.data$Price);car.data$Meter <- as.integer(car.data$Meter)
car.data$EntryYear <- as.integer(substr(Sys.Date(),1,4))-as.integer(car.data$EntryYear)
car.data$Region <- as.factor(car.data$Region);
summary(lm(Price ~., data=car.data))
```
```

◆リスト5 run_carsensor.Rコード

```
library(knitr)
library(markdown)
options(encoding='UTF-8')
knit2html(input="carsensor.Rmd", output=paste0("~/public_html/carsensor/", Sys.Date(), ".html"))
```

◆図19 cronの自動出力コード

```
$ crontab -e
33  0 25 * * ~/RsrcOfRStudio/RStudio_usage/
run_carsensor.R
```

型レポート出力を自動で出力できるようになります。

図19はcronの設定例（毎月25日の0時33分にレポート出力する場合）です。

■E-mailで配信する方法

続いて、出力したhtmlファイルをhtml形式でそのままE-mailする方法について紹介します。RでE-mailを送信するにはRでE-mailを送信するにはsendmailRやmailRなどのパッケージが一般的に使われます。ここではRmdファイルを入力としたhtml形式のE-mail送信が手軽にできるEasyHTMLReportパッケージを使ってみます。先ほど利用した.Rmdファイルを入力としてhtmlメールを送るRコード例をリスト6に示します。これを先ほどと同様にcron設定すれば、定型レポートのE-mail配信ができます。

一歩進んだRStudio活用術

● Gitでバージョン管理してみよう

■Git

Gitとはソースコードのバージョン管理システムの1つで、GitHubの盛り上がりからもわかるように世界中で使われています。データ分析に用いるRファイル、Rmdファイル、データ分析結果のhtmlファイルもソースコード同様にバージョン管理をするべきでしょう。RStudioは、GitとSubversionという2つのメジャーな管理システムと統合されており、好きなほうを利用できます。ここではGitでの説明をします。

■RStudioからGitで管理

RStudioでProjectを新規に作成する際に「Version Control」→「Git」の順に選択します。GitのリポジトリのURLを入力して「Create Project」でGitバージョン管理下に置かれたProjectを生成

◆リスト6 htmlメールを送るRコード

```
library(EasyHTMLReport)
easyHtmlReport(rmd.file = "carsensor.Rmd", #先ほどのRmdファイル
               from = "noreply@wdkz.net",
               to = "wdkz@wdkz.net",
               subject= "Sample Report From Rmd.",
               control = list(smtpServer="aspmx.l.google.com") #メールサーバ情報
               )
```

できます（図20）。

　Gitのバージョン管理下に置かれたProjectではEnvironment／History／GitパネルのところにGitタブが現れます。ここからCommit、Pull、Pushといった操作ができます。たとえば分析用のコードを作成したあとCommitをする場合は、該当のファイルにチェックを入れて「Commit」をクリックします（図21）。新しくウィンドウが立ち上がりますので（図22）、コメントを記述してCommitをクリックします。なおGitでCommitしただけでは、ローカルリポジトリにしか変更が反映されていません。マスタリポジトリにも反映させる場合はCommit後にPushをしましょう。

RStudio Serverを使ってみよう

RStudio Serverとは

　今まではデスクトップ版での解説をしてきましたが、RStudioにはサーバ版もあります。本節ではサーバ版について解説します。

　サーバ版はLinuxサーバで動作するWebアプリケーションでユーザはブラウザから利用します。デスクトップ版との間に機能の違いは基本的にはありませんので、ユーザーにとって最適なほうを選択すれば良いと思います。

■ サーバ版を使う利点

サーバ版を使う利点は3点あると思います。

① 分析者間で共通関数や共通ライブラリをかんたんに共有できる
② データ自体がサーバに置かれているので、ノートPCの紛失といったような場合でもデータの流出リスクが小さい
③ iPadなどのタブレット端末からも使えるので場所を選ばない

　筆者はおもに②の流出リスクを考え、業務ではサーバ版を利用しています。

■ サーバ版のインストール要件

　インストールの前に次のことを確認してください。

① R 2.11.1以上がインストールされていること
② Debian 8以上／Ubuntu 12.04以上、もしくはRedHat/CentOS 5.4以上、もしくはOpenSUSE/SLES 11 以上

◆図20　Gitで管理するProjectの作成

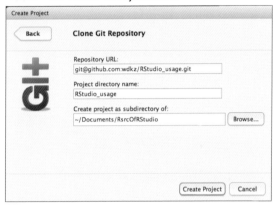

◆図21　GitにCommitするプロジェクトを選択

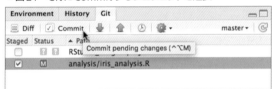

◆図22　RStudioからGitにCommit

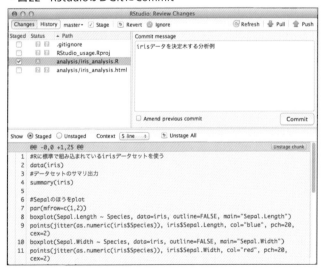

第2章
Rをさらに便利に使える統合開発環境
RStudioでらくらくデータ分析

ここではUbuntuにRStudio Serverをインストールします。Ubuntu OSのバージョンは12.04以上でなければ動作しません。公式サイトにはrpm形式のインストーラも置かれていますのでRedhat/CentOS系のLinuxであっても簡単にインストールできます。RStudio Server本体の前に次のようにしてRのインストールをしておきます。

```
$ sudo apt-get install r-base
```

■ RStudio Serverのインストール

ではRStudio Serverのインストールをします。

```
$ sudo apt-get install gdebi-core
$ sudo apt-get install libapparmor1
$ wget http://download2.rstudio.org/rstudio-↵
server-0.97.551-amd64.deb
$ sudo gdebi rstudio-server-0.97.551-amd64.deb
```

RStudio Serverのインストーラの取得方法および インストール手順はRStudioのWebサイトに記述してあります。

https://www.rstudio.com/product/rstudio/download-server/

新しい情報や追加情報については上記サイトを参照してください。

■ サーバ版の起動と利用

インストールが正常に終わったら、RStudio Serverを起動しましょう。

```
$ sudo rstudio-server start
```

起動後にブラウザから次のアドレスにアクセスするとRStudio Serverを利用できます。

http://<server-ip>:8787

RStudio Serverの停止、再起動はそれぞれ次のコマンドで実行できます。

```
$ sudo rstudio-server stop
$ sudo rstudio-server restart
```

後述する設定ファイルの変更を反映させるときに再起動コマンドを使う場面があります。

■ サーバ版の設定

RStudio Serverを利用するにはまずユーザ名とパスワードを入力してログインします。このユーザ名とパスワードは、RStudio Serverがインストールされた Linux OSのユーザ名とパスワード情報です。そのため、RStudio Serverを利用する新規ユーザアカウントを作成する場合はLinuxの標準コマンドであるuseraddを使ってください。

また、Linux上でのユーザ管理をLDAP（*Lightweight Directory Acces Protocol*）で行っている場合であっても、RStudio Server Proがリリースされる前はそのユーザ名でRStudio Serverにログインすることができていたのですが、現在はRStudio Server Open Source Editionではできなくなってしまいました。有償版のPro Editionを導入することでLDAP認証や、Google Accountによる認証を利用できるようになります。

■ rserver.confの説明

/etc/rstudio/rserver.confファイルに記述することで設定を変更できます。RStudio Serverをインストールした初期状態ではrserver.confファイルは存在しないので、もし設定変更をしたい場合はまずファイルを生成する必要があります。また、ファイル生成後に設定を反映させるにはRStudio Serverの再起動が必要です。リスト7に設定ファイルの記述方法をします。

従来は、RStudio Serverの利用するRのメモリリミット量をrsession-memory-limit-mbで設定しないと最大4Gまでしか利用しないという残念なデフォルト設定でした。しかし、現行のRStudio Serverはデフォルトで、搭載されている物理メモリ量全てを利用するように変更されています（逆に利用メモリを制限したいときはrsession-memory-limit-mbで設定しますが、Pro版でしか設定が反映されません）。メモリ使用量に加えて、スタックサイズや子プロセス数の制限など従来はできていた設定ですが現行版ですとPro版でしか設定が反映されないようになっています。Open Source版で設定できる項目はかなり少なくなってしまいました。

◆リスト7　/etc/rstudio/rserver.confファイルの設定

```
・ポートの変更をする場合(デフォルトは8787)
www-port=80
・複数バージョンのRがインストールされている環境で、利用するRのバージョンを指定する場合
rsession-which-r=/user/local/bin/R
・セッションタイムアウト時間の指定(デフォルトは2時間)
session-timeout-minutes=30
・ライブラリパスの指定
r-libs-user=~/R/packages
・デフォルトCRAN Repositoryの指定
r-cran-repos=https://cran.ism.ac.jp/
```

最後に

ここで紹介した以外にもRStudioは、Rcppパッケージを用いたC++コーディングにも対応していますし、自分でRのパッケージを作成するサポート機能もあります。これらの機能については誌面の都合上これ以上触れませんが、興味のある読者は、RStudioのWebサイトなどを参考にしてどんどんRStudioを使いこなしていってください。

特集 1 データ分析実践入門

第3章

豊富なライブラリを活用したデータ分析
Pythonによる機械学習

ここでは、Pythonによる機械学習の基礎を紹介します。Pythonには、データ分析に有効なライブラリが用意されています。実際のデータ分析をとおして、機械学習にふれてみましょう。

株式会社リクルートコミュニケーションズ
早川 敦士 *HAYAKAWA Atsushi* gepuro@gmail.com TwitterID：@gepuro

はじめに

この章では、フィッシャーのあやめ（iris）のデータ[注1]を例にして、データマイニングおよび機械学習の解説をします。データは、 🔗 https://raw.githubusercontent.com/pydata/pandas/master/doc/data/iris.dataにあります。このデータには、あやめの品種（Name）と萼片（Sepal）の長さ（Length）と幅（Width）、花弁（Petal）の長さと幅が記録されています。あやめの品種はsetosa、versicolor、virginicaの3種類です。それぞれの品種について50レコードずつ記録されており、合計で150レコードあります。

このirisのデータから、変数にどんな関係があるか、品種による違いなどを分析していきます。

また、習得が比較的かんたんで、データ分析に必要なライブラリが豊富に揃っているPythonを用いて解説していきます。

データ分析と機械学習

まずはじめに、データ分析をする際に、必ずしも機械学習が必要とは限らないことに注意してください。統計量やグラフを用いることでもデータ分析はできます。データ分析における機械学習とはツールの1つであり、過信しないように注意しながら利用することが大切でしょう。

注1）統計学の父といわれるR.A.フィッシャーが利用した"あやめ"という花に関する実験データ。

それでは、どのような場面で機械学習を利用するのでしょうか。

機械学習を用いることによって、ある入力値（説明変数）に対して、出力値（目的変数）を得ることができ、また入力値がどれくらい出力に影響を及ぼすか知ることができます。

また変数の重要度を得ることができるモデルもあるので、目的となる分析の糸口を見つけられるかもしれません。

環境構築

まずは、利用するライブラリの紹介をしながら環境を構築していきます。本稿の解説は筆者が日常的に利用しているUbuntu 16.04を想定します。またPython 3で環境を構築します。

pip

pipは、Pythonにおけるパッケージ管理システムで、ライブラリをインストールするときに利用します。
図1にインストールと利用方法を提示します。

NumPy

NumPyは、効率的に数値計算をするためのライブラリです。行列や多次元配列を操作する数学関数

◆図1　pipのインストール方法と利用方法

```
$ sudo apt-get install python3-pip
$ sudo pip3 install パッケージ名
```

特集1 データサイエンティストへの第一歩
データ分析実践入門

◆図2　Numpyのインストール
```
$ sudo pip3 install numpy
```

◆図3　SciPyのインストール
```
$ sudo apt-get install libblas-dev gfortran liblapack-dev g++
$ sudo pip3 install scipy
```

◆図4　Matplotlibのインストール
```
$ sudo apt-get install libgtk2.0-dev
$ sudo apt-get install libfreetype6-dev libpng-dev graphviz
$ sudo pip3 install matplotlib
```

◆図5　sckit-learnのインストール
```
$ sudo pip3 install scikit-learn
```

◆リスト1　NumPyの利用方法と省略
```
> import numpy as np
```

◆リスト2　SciPyの利用方法と省略
```
> import scipy as sp
```

◆リスト3　Matplotlibの利用方法と省略
```
> import matplotlib.pyplot as plt
```

◆リスト4　scikit-learnの利用方法
```
> import sklearn
```

を提供しています。NumpyはC言語やFortranなどで実装されているので、純粋にPythonのみで記述した場合に比べ、高速に処理できます。そのため、科学技術計算を行うライブラリの多くに利用されています。図2のコマンドでインストールできます。

このライブラリを利用する際は、リスト1のように、「as」を用いてライブラリ名「numpy」を省略して「np」のようにすることがあります。

SciPy

SciPyは、数学、科学、工学のための数値解析ソフトウェアです。最適化、補間、積分、統計、空間的解析、クラスタリング解析、信号処理、画像処理などができます。このため、機械学習をするうえで欠かすことができないライブラリの1つとなっています。図3のようにしてインストールできます。

このライブラリを利用する際は、リスト2のように、ライブラリ名「scipy」を省略して「sp」のようにすることがあります。

Matplotlib

Matplotlibは、データを可視化し、理解を助けるグラフ描画ライブラリです。相関係数を求めるときは散布図を描いて確認することが多く、決定木を利用するときはグラフによって構築されたモデルを確認します。データ分析ではグラフを描画することが多く、描画ライブラリであるMatplotlibは欠かすこ

とができません。図4のようにインストールします。

リスト3のようにして利用し、ライブラリ名「Matplotlib」を省略して「plt」のようにすることがあります。

scikit-learn

scikit-learnは、Pythonで機械学習をするときに利用するライブラリです。単回帰分析のような基礎的なものからSVM（*Support vector machine*）など高度な学習モデルまで、容易に利用できます。そのため、科学や工学などのあらゆる分野のデータ分析に利用されるライブラリです。scikit- learnは、教師あり学習・教師なし学習ができるだけでなく、モデル選択に役立つクロスバリデーション注2などをサポートしています。Orange注3を使えば、GUI（*Graphical User Interface*）でデータの可視化や分析をができます。Python3に対応しており、scikit-learnを利用することもできます。さまざまなモデルを手軽に試すことができるので、プログラミングが苦手な人でもモデリングを楽しめると思います。scikit-learnは図5のコマンドでインストールし、リスト4のようにして利用できます。

pandas

pandasは、ハイパフォーマンスで扱いやすいデータ構造やデータ解析ツールを提供するライブラリです。pandasはR言語ユーザに親しみやすく、

注2）モデルの妥当性の検証や確認に利用する手法。
注3）URL http://orange.biolab.si/

◆図6　pandasのインストール
```
$ sudo pip3 install pandas
```

◆図7　PypeRのインストール
```
$ sudo apt-get install r-base
$ sudo pip3 install pyper
```

◆図8　IPythonとIPythonNotebookのインストール方法
```
$ sudo pip3 install jupyter
$ jupyter notebook
```

◆リスト5　pandasの利用方法と省略
```
> import pandas as pd
```

◆リスト6　PypeRの利用方法
```
> import pyper
```

◆リスト7　csvデータの読み込み
```
> import pandas as pd
> iris = pd.read_csv("iris.csv")
> iris.info()
```

データフレームという考え方が採用されています。CSV（*Comma Separated Values*；カンマ区切り）、Microsoft Excel、SQLiteなどに対応しています。データの分割、インデックスの付与、また、2次元や3次元のデータをかんたんに操作できます。また、時系列データにも対応しています。このライブラリは、アカデミックや商用で幅広く利用されており、金融、神経科学、経済、統計学、広告、Web解析などで利用されています。図6でインストールできます。

リスト5のようにして利用し、ライブラリ名「pandas」を省略して「pd」のようにすることがあります。

Pyper

Pyperは、PythonからR言語を呼び出すことができるライブラリです。次のようなときに有用です。

- Pythonに実装されていないモデルを利用したいとき
- R言語を用いると実装やデータ分析が容易になるとき
- R言語で開発したモデルをとにかくPythonから利用したいとき

インストールは、図7のように行います。リスト6のようにして利用します。

IPython

IPythonはシェルであり、Pythonを対話的に実行するときに役立ちます。IPythonを利用すればハイライティングやタブによる補完ができるという利点があります。Matplotlibを利用する場合には、IPythonを使うことによって、グラフの描画をしながら実行できるので、探索的にデータ解析をするのに適しています。図8でインストールできます。

また、IPythonにはブラウザから利用できるJupyter（IPython Notebook）があります。これを用いると、ブラウザ上でコードを編集しながら、結果を見ることができます。数値計算とグラフの描画を同時にできるので、作業効率を上げることができます。図8のようにしてJupyterを起動します。グラフを描画するときは、`%matplotlib inline`をあらかじめ実行しておきます。また、ブラウザ上で作成したコードなどは、JSON形式で保存されます。

あやめのデータを知る

データの読み込み

インストールが終わったらまずは、リスト7であやめのCSVデータを読み込み、正しく読み込まれているかを確認します。

ここで、「150 entries」と表示されていることを確認します。データによっては、正しく読み込めない場合があるので必ず確認する習慣を身につけたほうが良いでしょう。

また、列を正しく読み込めているかを確認します。このデータでは、「SepalLength」、「SepalWidth」、「PetalLength」、「PetalWidth」、「Name」の5列です。

◆リスト8　データを分ける

```
> # データ加工
> setosa = iris[iris["Name"] == "Iris-setosa"]
> versicolor = iris[iris["Name"] == "Iris-versicolor"]
> virginica = iris[iris["Name"] == "Iris-virginica"]
```

◆リスト10　品種ごとに平均値を求める

```
> # 品種ごとの平均値
> iris.groupby("Name").mean()
```

◆リスト9　基本的な統計量

```
> setosa.sum()     # 合計
> setosa.mean()    # 平均
> setosa.median()  # 中央値
> setosa.min()     # 最小値
> setosa.max()     # 最大値
> setosa.corr()    # 相関係数
> setosa.var()     # 分散
> setosa.std()     # 標準偏差
> setosa.cov()     # 共分散
```

◆リスト11　ヒストグラムの実行

```
> # ヒストグラム
> plt.figure()
> plt.hist(iris["SepalLength"])
> plt.xlabel("SepalLength")
> plt.ylabel("Freq")
> plt.show()
```

◆リスト12　ヒストグラムを描き直す

```
> # setosaについてSepalLengthのヒストグラムを描く
> plt.figure()
> plt.hist(setosa["SepalLength"])
> plt.xlabel("SepalLength")
> plt.ylabel("Freq")
> plt.show()
```

◆表9　ピボットテーブル作成の実行結果

Name	PetalLength	PetalWidth	SepalLength	SepalWidth
Iris-setosa	1.464	0.244	5.006	3.418
Iris-versicolor	4.260	1.326	5.936	2.770
Iris-virginica	5.552	2.026	6.588	2.974

◆図9　SepalLengthのヒストグラム

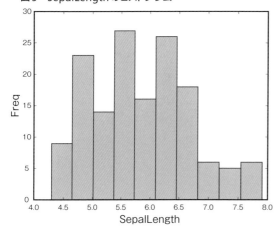

● データの加工

　あやめのデータは、3つの品種について記録されています。データ分析をしやすくなるようにsetosa、versicolor、virginicaにデータを分けます。この操作は、pandasを用いるとリスト8のようになります。

　ほかにも、マージや追加という操作が容易にできます。ほかにも多くの処理ができるので、公式ドキュメント注4を参考にしてください。

注4）URL　http://pandas.pydata.org/pandas-docs/stable

● 基本統計量の算出

　データの理解への第一歩として平均や分散などの基本的な統計量を算出することがよくあります。それらの統計量の算出方法をpandasを使って紹介した例がリスト9になります。

　また、リスト8のようにデータを分けなくても、一度に処理できます。リスト10で、品種ごとにそれぞれの変数についての平均を算出したのが表9です。

● ヒストグラムと箱ひげ図を描く

　1つの変数についてグラフを描く場合は、ヒストグラムを用いることが多くあります。ヒストグラムを見ることで、変数がどのように分布しているかが分かります。たとえば、正規分布型、2つの山がある二山型・離れ小島型、歪みのある右歪み型・左歪み型、ある値以降のデータがない絶壁型、ヒストグラムの高さが似ている高原型というように、データにはさまざまな分布が存在します。まずは、これを把握するのが良いでしょう。ここでは、例として「SepalLength」について見ていきます。Matplotlibを用いてヒストグラムを描画するには、リスト11のように実行します（図9）。

　実は、このヒストグラムでデータを考察するのは、あまり良いことではありません。ヒストグラムの幅によっても変わりますが、山が複数あるよ

◆ リスト13　箱ひげ図の描画

```
> # 箱ひげ図
> data = [setosa["SepalLength"], versicolor["SepalLength"], virginica["SepalLength"]]
> plt.figure()
> plt.boxplot(data, sym="k.")
> plt.xlabel("Name")
> plt.ylabel("SepalLength")
> ax = plt.gca()
> plt.setp(ax, xticklabels=["setosa","versicolor","virginica"])
> plt.show()
```

◆ 図10　setosaについてSepalLengthのヒストグラム

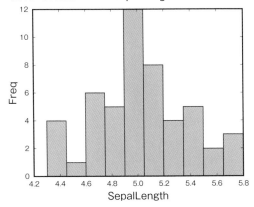

◆ 図11　品種ごとのSepalLengthについての箱ひげ図

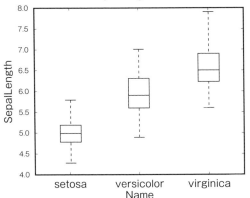

ごとに違いがあることがわかってきたと思います。さらに、それぞれの比較をかんたんにするために、リスト13で箱ひげ図を描画します（図11）。

箱ひげ図を描画すると、品種ごとにSepalLengthが大きく異なることが明らかになります。

箱ひげ図は、箱の中の線が中央値[注5]、箱の上下がそれぞれ第3四分位数[注6]、第1四分位点を示しています。

上下のひげの部分は、「第3四分位数+1.5×IQR（*Inter-Quartile Range*（四分位数範囲））」、「第1四分位数-1.5×IQR」より大きいデータ点です。ひげより外にあるデータは、点が打たれています。IQRは、第3四分位数-第1四分位数で求められます。

● 散布図を描く

この節では散布図を描いて二変量の解析をします。リスト14は、setosaについてSepalLengthとSepalWidthの二変量を散布図で表現したものです（図12）。

SepalLengthとSepalWidthに正の相関があるように見えるので、リスト15で相関係数を求めます。

実行結果の表示については省略しますが、相関係数は約0.75となります。

相関係数は、−1から1の値をとり、1に近いほど強い正の相関があることを示します。また、線形的な関係を示すものですので、同時に散布図を確認する必要があります。たとえば、解析している二変量が二次関数のような関係であれば、相関係数の算出にはあまり意味がないでしょう。

うに見えるのではないでしょうか。なぜなら、setosa、versicolor、virginicaそれぞれの品種でSepalLengthのデータの平均が異なることは明らかだからです。ですので、setosaについてのSepalLengthのヒストグラムを描き直す（リスト12）と、図10の図のようになります。

このようにseotsaについてSepalLengthのヒストグラムをあらためて描き直すと、はじめに描画した図と異なっていることがわかります。同様に他の品種についてもグラフを描くと良いのですが、ここでは割愛します。ヒストグラムを描画するだけで、種

注5) 小さい順にデータを並べたときの、中央にある値。偶数個のデータの場合は、中央の2つの算術平均になる。

注6) 小さい順にデータを並べたときの75%目にある値。同じく25%目にある値が第1四分位数。データ数nが4で割り切れないときは［n／4＋1］番目の値。

◆ リスト14　二変量の散布図

```
> # 散布図
> plt.scatter(setosa["SepalLength"], setosa["SepalWidth"])
> plt.xlabel("SepalLength")
> plt.ylabel("SepalWidth")
> plt.show()
```

◆ リスト15　相関係数を求める

```
> # setosaのSepalLengthとSepalWidthの相関係数
> corr = np.corrcoef(setosa["SepalLength"],      setosa["SepalWidth"])
> print(corr[0,1])
```

◆ リスト16　散布図行列

```
> # 散布図行列
> pd.tools.plotting.scatter_matrix(setosa)
> plt.tight_layout()
> plt.show()
```

◆ 図12　SepalLengthとSepalWidthの関係(setosa)

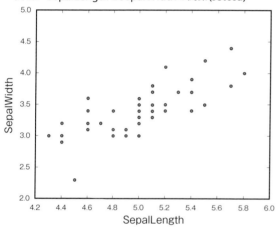

◆ 図13　散布図行列(setosa)

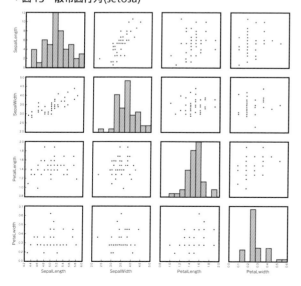

また、相関係数が高くても因果関係があるとは限らないことに注意してください。別の要因によって、相関係数が高くなることも考慮しなくてはなりません。

● 散布図行列を描く

各変数間の関係が知りたければ、リスト16のようにして複数の散布図をひとまとめにした散布図行列を描くと良いでしょう（図13）。

図13のグラフには、ヒストグラムと散布図の両方が描かれています。左上のグラフは、SepalLengthについてのヒストグラムが描かれています。その下には、SepalLengthとSepalWidthの散布図が描かれています。全体像をとらえるのに良いグラフです。

このグラフは非常に便利ですが、変数の数が多くなると見にくくなってしまうので注意が必要です。

回帰分析を行う

● 単回帰分析

単回帰分析は、説明変数が1つの場合の回帰分析です。このあとに、説明変数が複数ある重回帰分析を紹介します。

この節での単回帰分析では、線形回帰モデルを扱います。線形回帰モデルは、説明変数と目的変数が線形の関係を仮定するモデルです。

リスト17では、setosaのSepalLengthを説明変数、setosaのSepalWidthを目的変数として単回帰分析を行い、この二変量の関係を分析して

◆リスト17　単回帰分析

```
> # 単回帰分析
> from sklearn import linear_model
> LinerRegr = linear_model.LinearRegression()
> X = setosa[["SepalLength"]]
> Y = setosa[["SepalWidth"]]
> LinerRegr.fit(X, Y)
> plt.scatter(X,Y,color="black")
> px = np.arange(X.min(),X.max(),.01)[:,np.newaxis]
> py =  LinerRegr.predict(px)
> plt.plot(px, py, color="blue",linewidth=3)
> plt.xlabel("SepalLength")
> plt.ylabel("SepalWidth")
> plt.show()
> print(LinerRegr.coef_) # 回帰係数
> print(LinerRegr.intercept_) # 切片
```

◆リスト18　モデルの当てはまり

```
> LinerRegr.score(X,Y) # 決定係数
```

◆リスト19　重回帰分析

```
> # 重回帰分析
> from sklearn import linear_model
> LinerRegr = linear_model.LinearRegression()
> X = setosa[["SepalLength","PetalLength","PetalWidth"]]
> Y = setosa[["SepalWidth"]]
> LinerRegr.fit(X, Y)
> LinerRegr.score(X,Y) # 決定係数
```

◆図14　散布図と単回帰分析

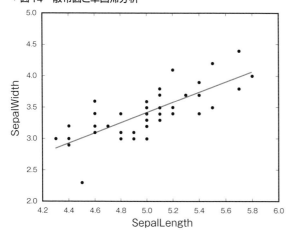

みます。

図14は、図12で描いた散布図に直線を当てはめています。SepalLengthの傾き（SepalLengthの回帰係数）は約0.81、切片は約-0.62となっています。つまり、SepalLengthを約0.81倍したものから約0.62を引くとSepalWidthになることを示します。もちろん、これには誤差が含まれています。線形回帰分析では、誤差が最小になるようにパラメータを推定します。

単回帰分析をすることで、二変数の関係を定量的に評価できます。また、回帰分析を行ったときは、構築したモデルがどの程度当てはまっているかが気になります。そのときは、リスト18を実行します。

約0.56と出力されます。この値は決定係数と呼ばれていて、56％程度の当てはまりであることを示しています。

当てはまりをよくするには、説明変数の数を増やしたり、別のモデルを利用したりします。

重回帰分析

この節では、説明変数を1つから3つに増やして重回帰分析を行います。

リスト19は、先ほどの単回帰のときとほぼ同じです。異なるのは説明変数の部分で、「SepalLength」、「PetalLength」、「PetalWidth」の3つを用いている点です。

ここで確認はしませんが、決定係数は単回帰分析のときとほとんど変わりません。この理由については、図13の散布図行列から判断できます。"SepalWidth"と"PetalLength"の散布図から、これらに線形的な関係は見られないのではないでしょうか。全体的に点が広がっていて、相関係数は約0.17です。また、"SepalWidth"と"PetalWidth"の散布図を見ても関係性を見ることができません。相関係数は約0.28です。

このように、説明変数を増やせばモデルの当てはまりがよくなるとは限りません。どのようなモデルを利用するにしても、目的変数に相応しい説明変数を選ぶ必要があります。無関係な説明変数を用いると当てはまりが悪くなってしまうこともあるので注意が必要です。

scikit-learnに実装されていないモデルを利用したいときは、PythonからR言語を呼び出すこともあります。ほかの章で紹介されているようなR言語のコードをPythonから使いたい場合には、非常に有用です。Pyperというライブラリを利用すれば、普段はPythonで書いて、必要に応じてR言語

◆リスト20　rpy2で重回帰分析

```
> import pyper
> r = pyper.R(use_pandas='True')
> r.assign('data', iris)  # pandasで読み込んだデータをRに渡す
> r('rlm <- lm(Sepal.Width ~ Sepal.Length + Petal.Length + Petal.Width, data=iris)')  # 重回帰分析を行う
> print(r('summary(rlm)'))  # 分析結果の出力
```

を呼び出すことができます。Pyperの利用方法を学ぶために、再び重回帰分析をします（リスト20）。

r.assignで重回帰分析するために必要なデータをR言語に渡していきます。pandasで保持しているデータをR言語のデータフレームに渡せるだけでなく、R言語側が保持しているデータフレームをpandasに渡すことができます。また、R言語のコードを文字列で与えることによって、これを実行することもできます（図15）。

説明変数や切片に対して「Pr(>|t|)（P値）」が計算されていることを確認できるでしょうか。P値が小さいということは、その説明変数の変化が、目的変数の値を変化させるということを意味していて、回帰分析において有意かどうかを判断できます。一般的に0.05未満のときは5%有意と言われ、偏回帰係数が0のときと比べて、有意差があるという判断ができます。PetalLengthとPetalWidthについての偏回帰係数のP値は、それぞれ0.67と0.40であり5%有意ではないことが確認できます。

また、複数の説明変数を用いる場合に気を付けることがあります。それは、互いの相関が高い変数どうしを含めないことです。相関が高い説明変数を利用すると、互いに打ち消しあってしまうように推定されてしまうことがあり、回帰式も不安定なものとなることがあります。このような事態を回避するためには、あらかじめ相関係数を算出しておくか、変数選択をしておくなどの工夫が必要です。はじめは、説明変数の数を少なくして、モデルへの当てはまりを見ながら、説明変数の数を増やしていくのが良いでしょう。

● **ダミー変数を利用する**

これまでは数値を取り扱ってきましたが、得られるデータは必ずしも数値とは限りません。時系列データやテキストやカテゴリデータのときもあるでしょう。この節では、あやめの品種のようなカテゴリデータの取扱い方を紹介します。

あやめの品種をダミー変数として置き換えて利用するには、まずsetosa、virginica、versicolorという要素を新たに導入します。そして、品種ごとに該当する要素に1、該当しない場合は0を入れていきます。こうすることで、カテゴリデータは数値として扱うことができます。Pythonでは、リスト21のようにしてダミー変数を作成します。

ダミー変数を設定して、versicolorとvirginicaの値がわかれば、setosaの値が定まります。ですので、カテゴリデータをダミー変数に変換して説明変数に用いるときは、"カテゴリの数−1"だけ用いれば良いことがわかるでしょう。

リスト22で実行した結果

◆図15　summaryで表示された内容

```
try({summary(rlm)})
Call:
lm(formula = Sepal.Width ~ Sepal.Length + Petal.Length + Petal.Width,
    data = iris)

Residuals:
     Min       1Q   Median       3Q      Max
-0.88045 -0.20945  0.01426  0.17942  0.78125

Coefficients:
             Estimate Std. Error t value Pr(>|t|)
(Intercept)   1.04309    0.27058   3.855 0.000173 ***
Sepal.Length  0.60707    0.06217   9.765  < 2e-16 ***
Petal.Length -0.58603    0.06214  -9.431  < 2e-16 ***
Petal.Width   0.55803    0.12256   4.553 1.1e-05 ***
---
Signif. codes:  0 '***' 0.001 '**' 0.01 '*' 0.05 '.' 0.1 ' ' 1

Residual standard error: 0.3038 on 146 degrees of freedom
Multiple R-squared:  0.524,     Adjusted R-squared:  0.5142
F-statistic: 53.58 on 3 and 146 DF,  p-value: < 2.2e-16
```

◆リスト21　ダミー変数を作成

```
> # ダミー変数を作る
> dummies = pd.get_dummies(iris["Name"])
> iris = pd.concat([iris,dummies],axis=1)
```

◆リスト22　回帰係数と切片を求める

```
> LinerRegr = linear_model.LinearRegression()
> X = iris[["Iris-virginica","Iris-versicolor"]]
> Y = iris[["SepalLength"]]
> LinerRegr.fit(X,Y)
> print(LinerRegr.coef_) # 回帰係数
> print(LinerRegr.intercept_) # 切片
```

ですが、切片は、setosaのSepalLengthの平均値5.006と等しくなります。また、versicolorの平均値はそれぞれ5.936です。この値は、versicolorの偏回帰係数0.93に切片5.006を足した値と等しくなります。virginicaについても同様です。

このようにダミー変数を用いることによって、SepelLengthの平均値が品種ごとに異なっていることを重回帰分析によって表現できていることがわかります。

あらためて、図11で描いた箱ひげ図を見てみます。この節での重回帰分析による結果をグラフでも再確認できます。setosaに比べversicolorのほうがSepalLengthが長く、さらにvirginicaのほうがより長くなっています。

データマイニングの流れ

ここまでの回帰分析の内容をもとにして、データマイニングの流れについて一度振り返ります。

はじめに基本統計量を算出し、次にグラフを描画し、最後に回帰分析を行いました。回帰分析を行ったあとは、もう一度、グラフや平均値といった基礎的な部分に振り返り、データの実情をモデルがとらえているかどうか確認しながら、データへの理解を少しずつ深めていくのが大切です。ここまでの流れをまとめると、次のようになります。

① 何を知りたいのかを決める
② 変数の種類と何を表しているのかを知る
③ 一変量の解析を行う。平均値などを算出し、ヒストグラムや箱ひげ図を描画する
④ 二変量の解析を行う。相関係数を算出し、散布図などのグラフを描画して、データへの理解を深める
⑤ 説明変数を少なめにして、解釈のしやすいモデルに当てはめる
⑥ 推定された結果を2〜4に振り返って確認をしたり、モデルの検証を行う

さらに、分析をしていく中で、データクレンジングやデータ加工、層別解析などを行い、データをきれいにしていきます。

データを分析するときは、はじめに多数の説明変数を用いてモデルを構築したり、複雑なモデルを利用するのではなく、なるべくシンプルな部分から着実に進めていくのが良いでしょう。シンプルなモデルを構築したら、その知見を活かして、複雑なモデルを構築していくのが良い方法です。

大まかな流れですが、このようにして分析をしていくと良いと考えています。

分類モデルを構築する

これまでは、連続値の変数を目的変数にして回帰分析をしました。次に、SepalLengthなどのデータを用いて、花の品種を予測するモデルを構築します。この章では、例としてロジスティック回帰と決定木の2つを紹介します。どちらの手法もよく使われている手法です。

ロジスティック回帰モデル

ロジスティック回帰モデルは、二値分類したいときに利用します。二値分類とは、あるデータに対して1なのか0なのかを分類することです。ロジスティック回帰モデルは、二値分類に用いられるので、得られる結果は0から1の値になります。したがって、0.5を閾値として0.5以上か0.5未満のどちらかを調べ二値に分類します。学習データにおける目的変数に偏りがある場合や、誤分類のバランスの関係で閾値を0.5としない場合もあります。偏回帰係数が正であれば、それに対する説明変数の値が大きくなるほど、得られる結果が1に近づきます。ここでは、入力されたデータに対して、

あやめの品種がsetosaなのかvirginicaなのかを判別することを例にして、モデルを構築していきます。二値分類ですので、あやめの品種についてのデータをsetosaであれば1、virginicaであれば0として目的変数に利用します。また、説明変数としては、SepalLength、SepalWidthを利用します（**表1**）。

リスト23にロジスティック回帰モデルを構築するプログラムを示します。

　SepalLengthの偏回帰係数は負の値をとることから、SepalLengthが大きいほど回帰式の値が小さくなり、virginicaの確率が上がることがわかります。同様にして、SepalWidthの値が小さいほどvirginicaの確率が上がります。予測結果は、ほぼすべてのデータを正確に予測できています。本来は、モデルを構築したときのデータ（訓練データ）とモデルを検証するデータ（検証データ）に分けて、予測精度を確認します。また、データが十分にあるときは、半分のデータを訓練データにするだけでも良いでしょう。また、前述したクロスバリデーション編注を用いてモデルの検証をしても良いですが、ここではクロスバリデーションの詳細については割愛させていただきます。

次に、ここで構築したモデルをグラフにより確認していきます（**リスト24**）。

　図16において、左上部分がsetosaで右下部分がvirginicaとなる領域です。また、●印の点がsetosaのデータを示し、＋印の点がvirginicaのデータを示しています。

　ロジスティック回帰モデルでは、境界線が線形で引かれていることを確認できます。また、予測結果を確認したときに1つだけ外していたものは左下にあることを確認できます。

　このように図で確認するには説明変数が二変量である必要がありますが、三変量以上のときでも、どのような条件のときに分類が正しくできていないかを調査することは大切なことです。

編注） クロスバリデーションについては「データサイエンティスト養成読本 機械学習入門編」の第2部特集1「機械学習ソフトウェアの概観」の第2章「機械学習のソフトウェアを用いた実行例」P97 Pythonを用いた実行例の項などを参考にしてください。

◆表1　リスト23の実行結果

	col_0 = 0（予測値）	col_0 = 1（予測値）
Iris-setosa = 0（真値）	50	0
Iris-setosa = 1（偽値）	1	49

◆リスト23　ロジスティック回帰モデル

```
> # ロジスティック回帰モデル
> usedata = np.logical_or(iris["Name"] == "Iris-setosa" ,iris["Name"] == "Iris-virginica")
> setosa_virginica = iris[usedata]
> X = setosa_virginica[["SepalLength","SepalWidth"]]
> Y = setosa_virginica["Iris-setosa"]
> LogRegr = sklearn.linear_model.LogisticRegression(C=1.0)
> LogRegr.fit(X,Y)
> print(LogRegr.coef_) # 偏回帰係数
> print(LogRegr.intercept_) # 切片
> print(pd.crosstab(Y, LogRegr.predict(x))) # 予測結果
```

◆リスト24　モデルの結果をグラフにして確認する

```
> # 結果をグラフにして確認をする
> xMin = X["SepalLength"].min()
> xMax = X["SepalLength"].max()
> yMin = X["SepalWidth"].min()
> yMax = X["SepalWidth"].max()
> xx,yy = np.meshgrid(np.arange(xMin, xMax, 0.01), np.arange(yMin, yMax, 0.01))
> Z = LogRegr.predict(np.c_[xx.ravel(), yy.ravel()])
> Z = Z.reshape(xx.shape)
> plt.figure()
> plt.xlim(xx.min(), xx.max())
> plt.ylim(yy.min(), yy.max())
> plt.xlabel('Sepal Length')
> plt.ylabel('Sepal Width')
> plt.pcolormesh(xx, yy, Z, cmap=plt.cm.Paired)
> plt.scatter(X["SepalLength"].ix[Y.values==0], X["SepalWidth"].ix[Y.values==0], marker="o", c="black")
> plt.scatter(X["SepalLength"].ix[Y.values==1], X["SepalWidth"].ix[Y.values==1], marker="+", c="black")
```

紙面版 電脳会議 DENNOUKAIGI 一切無料

今が旬の情報を満載してお送りします!

『電脳会議』は、年6回の不定期刊行情報誌です。A4判・16頁オールカラーで、弊社発行の新刊・近刊書籍・雑誌を紹介しています。この『電脳会議』の特徴は、単なる本の紹介だけでなく、著者と編集者が協力し、その本の重点や狙いをわかりやすく説明していることです。現在200号に迫っている、出版界で評判の情報誌です。

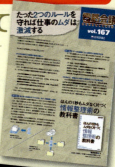

毎号、厳選ブックガイドもついてくる!!

『電脳会議』とは別に、1テーマごとにセレクトした優良図書を紹介するブックカタログ（A4判・4頁オールカラー）が2点同封されます。

電子書籍を読んでみよう!

技術評論社　GDP　　検索

と検索するか、以下のURLを入力してください。

https://gihyo.jp/dp

1. アカウントを登録後、ログインします。
   【外部サービス(Google、Facebook、Yahoo!JAPAN)でもログイン可能】

2. ラインナップは入門書から専門書、趣味書まで1,000点以上!

3. 購入したい書籍を 🛒 カート に入れます。

4. お支払いは「**PayPal**」「**YAHOO!**ウォレット」にて決済します。

5. さあ、電子書籍の読書スタートです!

- **ご利用上のご注意**　当サイトで販売されている電子書籍のご利用にあたっては、以下の点にご留意
- **インターネット接続環境**　電子書籍のダウンロードについては、ブロードバンド環境を推奨いたします。
- **閲覧環境**　PDF版については、Adobe ReaderなどのPDFリーダーソフト、EPUB版については、EPUB
- **電子書籍の複製**　当サイトで販売されている電子書籍は、購入した個人のご利用を目的としてのみ、閲覧
  ご覧いただく人数分をご購入いただきます。
- **改ざん・複製・共有の禁止**　電子書籍の著作権はコンテンツの著作権者にありますので、許可を得ない

Software Design WEB+DB PRESS も電子版で読める

電子版定期購読が便利!

くわしくは、
「Gihyo Digital Publishing」
のトップページをご覧ください。

電子書籍をプレゼントしよう! 🎁

Gihyo Digital Publishing でお買い求めいただける特定の商品と引き替えが可能な、ギフトコードをご購入いただけるようになりました。おすすめの電子書籍や電子雑誌を贈ってみませんか?

こんなシーンで…　　●ご入学のお祝いに　●新社会人への贈り物に　……

●**ギフトコードとは?**　Gihyo Digital Publishing で販売している商品と引き替えできるクーポンコードです。コードと商品は一対一で結びつけられています。

くわしいご利用方法は、「Gihyo Digital Publishing」をご覧ください。

〜のインストールが必要となります。
」を行うことができます。法人・学校での一括購入においても、利用者1人につき1アカウントが必要となり、
〜への譲渡、共有はすべて著作権法および規約違反です。

電脳会議 紙面版
新規送付のお申し込みは…

ウェブ検索またはブラウザへのアドレス入力の
どちらかをご利用ください。
GoogleやYahoo!のウェブサイトにある検索ボックスで、

電脳会議事務局 検索

と検索してください。
または、Internet Explorerなどのブラウザで、

https://gihyo.jp/site/inquiry/dennou

と入力してください。

「電脳会議」紙面版の送付は送料含め費用は一切無料です。
そのため、購読者と電脳会議事務局との間には、権利&義務関係は一切生じませんので、予めご了承ください。

技術評論社 電脳会議事務局
〒162-0846 東京都新宿区市谷左内町21-13

第3章 豊富なライブラリを活用したデータ分析
Pythonによる機械学習

◆リスト25 決定木を構築する

```
> # 決定木の構築
> from sklearn import tree
> X = iris[["SepalLength","SepalWidth","PetalLength","PetalWidth"]]
> Y = iris[["Name"]]
> treeClf = tree.DecisionTreeClassifier(max_depth=2)
> treeClf.fit(X,Y)
```

◆リスト26 決定木の可視化

```
> # 決定木の可視化
> from sklearn.externals.six import StringIO
> with open("tree.dot", 'w') as f:
>     f = tree.export_graphviz(treeClf, out_file=f, feature_names=⏎
["SepalLength","SepalWidth","Petal Length","PetalWidth"])
```

- 左の葉へ分類されたデータのすべてがsetosa
- 右の節へ分かれたデータはPetalWidthが1.75以下なら左の葉へ1.75以上ならば右の葉へ分類
- 左の葉へ分類されたものはversicolor、右の葉の分類の多くはvirginicaとなる

◇◇◇

決定木を利用する

決定木を利用すると、木構造の予測モデルを構築できます。木構造は、特徴量の値を確認する決定節点とカテゴリが割り当てられている葉節点から成り立ちます。各決定節点ではif-thenの形で分岐をしていくので、これをたどっていくことによって、どのようなカテゴリに分類されるかがわかります。そのため、数学に不慣れな人でも、結果の解釈がかんたんにできる利点があります。

また、予測結果から決定木の根へ遡っていけば、どのような条件によって予測されたかを知ることができます。scikit-learnで決定木を描くときは、Graphvizというグラフを描画するパッケージを利用します。ubuntu 16.04でのインストールは、図17のようにします。

この節では、決定木を利用して、あやめの品種がsetosa、versicolor、virginicaのどれに分類されるかのモデルを構築します。説明変数には、SepalLength、SepalWidth、PetalLength、PetalWidthを利用します。

決定木を構築するにはリスト25のようにします。

そして、リスト26のようにGraphvizを使います（図18）。ここで出力されたdotファイルを`dot -Tpng tree.dot -o tree.png`のようにしてpngに変換します。

構築された決定木を上から順番に見ていきます。

- はじめにPetalLengthが2.45以下かどうかで分かれます。2.45以下なら左の葉へ、2.45より大きければ右の節へ

決定木を構築するときに注意する点があります。それは、木が大きくなり過ぎて過学習[注7]を起こさ

注7）訓練データに適合し過ぎて、未知データに対して適合できない状態。

◆図16 ロジスティック回帰で得られたsetosaとvirginicaの境界線

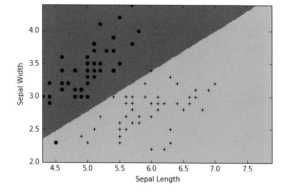

◆図17 Graphvizのインストール

```
$ sudo apt-get install graphviz graphviz-dev
```

◆図18 setosa,versicolor,virginicaを分類する決定木

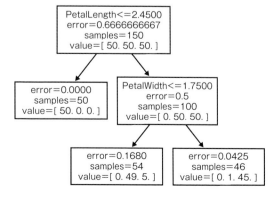

ないようにすることです。今、構築した決定木は、リスト25で`max_depth=2`と木の深さを指定することによって枝を刈っていますが、これを指定しないときは、木が大きくなり過ぎてしまいます。実際に木を見たり、データについての知識を利用したり、訓練データと検証データを利用して誤判別を減らすなどして、適切な大きさの木を構築するようにする必要があります。

クラスタ分析

これまでは、説明変数と目的変数のある教師あり学習を行ってきました。この節では、目的変数の必要がない教師なし学習を紹介します。

今回は、k-means法というクラスタリングを行うときの定番になっているアルゴリズムを紹介します^{編注}。

● k-means法を利用する

k-means法は、データを任意の数（k）のクラスタに分割するアルゴリズムです。まず与えられたデータセットを適当にk個のクラスタに分割します。そのあと、各データに対して距離が一番近いクラスタに割り振り、クラスタごとにデータの重心を求めて、クラスタの中心点を求めます。各クラスタに変化がなくなるまで、割り振りと中心点を求める計算を繰り返します。これによってクラスタリングを行います。このアルゴリズムの問題点としては、いくつのクラスタに分類するかの判断に迷うことやはじめに割り当てるクラスタによって、結果が変わってしまうことが挙げられます。

ここでは、k-meansの例として、クラスタを三種類に分ける（k=3）として、変数にはSepalLength

編注）k-means法については、特集1第1章、第4章でも解説しています。

とSepalWidthを利用します。

リスト27に、k-meansを実行するプログラムを示します。

クラスタリングの結果はここでは省略しますが、0、1、2と分けらるはずです。これらの数字に意味はなく、はじめにクラスタを作るときの割り振りによって異なります。クラスタリングされた結果をリスト28でグラフにして確認をします（図19）。ここで●印の点はsetosa、■印の点はversicolor、+印の点はvirginicaを示しています。

このグラフを見ると、データがどのようにクラスタリングされたかわかりやすいと思います。

塗りつぶされて表示されている部分がクラスタリングによる結果であり、各データも合わせて描画しています。真ん中の部分と右部分の領域ではクラスタリングがうまくできていません。これは、versicolorとvirginicaの変数が似ているからです。setosaについてはとてもきれいに分かれています。実はこのクラスタリングについては、決定木を構築したときに特徴量として現れたPetalLengthとPetalWidthの二変量を用いると、よりきれいにクラスタリングを行うことができます。

終わりに

Pythonを用いて、データマイニングや機械学習の解説をしてきました。基本的な統計量の算出方法、グラフの描画やモデルの構築など紹介できる手法や考え方は一部でしかありませんが、手始めとして取りかかるときの手助けになると考えています。

● お勧めの書籍やブログ

この章を読みPythonを使ってのデータ分析や機械学習に興味を持っていただけたら、次の書籍を読むと参考になるでしょう。Pythonに興味を持ち

◆リスト27 k-means法を実行する

```
> # k-means法
> from sklearn import cluster
> X = iris[["SepalLength","SepalWidth"]]
> kmeansCls = cluster.KMeans(n_clusters=3, random_state=71))
> kmeansCls.fit(X)
> print(kmeansCls.predict(X)) # クラスタリングした結果
```

◆リスト28 k-means法の可視化

```
> # k-means法の可視化
> def category2int(x):
>     category = {"Iris-setosa":0,"Iris-versicolor":1,"Iris-virginica":2}
>     return category[x]
>
> f = lambda x: category2int(x)
> Y = iris["Name"].map(f)
> xMin = X["SepalLength"].min()
> xMax = X["SepalLength"].max()
> yMin = X["SepalWidth"].min()
> yMax = X["SepalWidth"].max()
> xx,yy = np.meshgrid(np.arange(xMin, xMax, 0.01), np.arange(yMin, yMax, 0.01))
> Z = kmeansCls.predict(np.c_[xx.ravel(), yy.ravel()])
> Z = Z.reshape(xx.shape)
> plt.figure()
> plt.xlim(xx.min(), xx.max())
> plt.ylim(yy.min(), yy.max())
> plt.xlabel('Sepal Length')
> plt.ylabel('Sepal Width')
> plt.pcolormesh(xx, yy, Z, cmap=plt.cm.Paired)
> plt.scatter(X["SepalLength"].ix[Y.values == 0], X["SepalWidth"].ix[Y.values == 0], marker="o", c="black")
> plt.scatter(X["SepalLength"].ix[Y.values == 1], X["SepalWidth"].ix[Y.values == 1], marker="s", c="black")
> plt.scatter(X["SepalLength"].ix[Y.values == 2], X["SepalWidth"].ix[Y.values == 2], marker="+", c="black")
```

◆図19 k-meansによるクラスタリングの結果

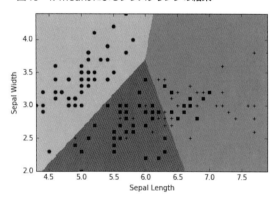

幅広い知識を身に付けたいならば、技術評論社より出版されている『パーフェクトPython』が参考になります。この本ではPythonで利用されることが多いライブラリを広く紹介されています。もう一歩踏み込んで機械学習を学びたい読者は、インプレスより出版されている『Python機械学習プログラミング』が有用です。本章ではscikit-learnの使い方や各モデルの概要にとどまっていますが、この本では数式とコードを並べながら実務で利用されることの多いモデルが紹介されています。また、実データを取り扱う場面で避けられないデータの加工については、オライリージャパンより出版されている『Pythonによるデータ分析入門』が参考になります。最後にPandasコミッタである@sinhrksさんのブログ「StatsFragments」には助けられています。

1. 『パーフェクトPython』Pythonサポーターズ、露木 誠、ルイス・イアン、石本 敦夫、小田 切篤、保坂 翔馬、大谷 弘喜 著／技術評論社／2013年／ISBN978-4-7741-5539-5
2. 『Python機械学習プログラミング 達人データサイエンティストによる理論と実践』Sebastian Raschka 著、株式会社クイープ、福島真太朗 翻訳／インプレス／2016年／ISBN978-4844380603
3. 『Pythonによるデータ分析入門 ―NumPy、pandasを使ったデータ処理』Wes McKinney 著、小林 儀匡、鈴木 宏尚、瀬戸山 雅人、滝口 開資、野上 大介 翻訳／オライリー・ジャパン／2013年／ISBN978-4873116556
4. 「StatsFragments」／@sinhrks／http://sinhrks.hatenablog.com

特集1 データ分析実践入門

第4章

C4.5／k-means／サポートベクターマシン／アプリオリ／EM…

データマイニングに必要な11のアルゴリズム

本章では、データ分析をする際に欠かせないアルゴリズムについて解説します。代表的なアルゴリズムを理解し、分析の手法に適したアルゴリズムを選択できるようにしましょう。

iAnalysis合同会社　代表・最高経営責任者
倉橋　一成　*KURAHASHI Issei*　contact@ianalysis.jp　TwitterID：@isseing333

はじめに

データマイニングからデータサイエンスへ。

この数年間、データ分析者の注目は、データ分析の技術を中心とするデータマイニングから、分析結果の活用を中心とするデータサイエンスへ変化していきました。しかし、枯れた技術に見えるデータマイニングも、データ分析の中では重要な技術の1つに変わりありません。

この章では、データマイニングの中でよく利用する10個のアルゴリズムと近年話題になっているディープラーニングという手法を紹介します。この11個のアルゴリズムは、IEEE（*Institute of Electrical and Electronics Engineers*）、ICDM（*Industrial Conference on Data Mining*）という2006年に開催されたデータマイニング学会で選ばれたものですが、今でも強力な手法ばかりです。選ばれた順に紹介していきます。

① C4.5
② k-meansアルゴリズム
③ サポートベクターマシン
④ アプリオリアルゴリズム
⑤ EMアルゴリズム
⑥ ページランク
⑦ アダブースト
⑧ k-近傍分類
⑨ ナイーブベイズ
⑩ CART
⑪ ディープラーニング

① C4.5

C4.5は決定木を構築する計算アルゴリズムの一種です。決定木とは、ある集団を分割していくことで、特徴を探る手法です（**図1**）。決定木といえばCART（本稿では10番目に解説します）がよく使われますが、CARTと異なる点は次のとおりです。

- CARTは2分岐しかできないがC4.5は3分岐以上もできる
- 決定木を構築する際にCARTはジニ係数[注1]を分割の指標にするが、C4.5は情報量をベースの指標にしている
- CARTは決定木の剪定（せんてい）を多項式のクロスバリデーション[注2]によって行うため時間がかかるが、C4.5は二項の信頼区間の限界を使うため一方行でき、時間がかからない

図1はある商品を購入するかどうか、決定木で分類した場合のイメージです。集団を示している節は「ノード」と呼ばれます。終点のノードを「リーフ」と呼ぶこともあります。

決定木は結果のイメージがとても直感的で理解しやすい手法です。分類の性能はあまりよくあり

注1）経済学で利用される指標で、社会における所得分配の均衡や不均衡を表すために用いられる尺度。

注2）交差検証とも言います。データを学習用データと検証用データに分け、学習用データで作ったモデルを検証用データで性能評価する、という手順を複数回繰り返す方法です。これによって、アルゴリズムの性能を正しく評価することができます。

第4章

C4.5／k-means／サポートベクターマシン／アプリオリ／EM…
データマイニングに必要な11のアルゴリズム

◆リスト1　C5.0のRでの実行サンプル

```
install.packages("C50")
library("C50")
data(churn)
treeModel <- C5.0(x = churnTrain[, -20], y = churnTrain$churn)
summary(treeModel)
```

◆図1　決定木のイメージ

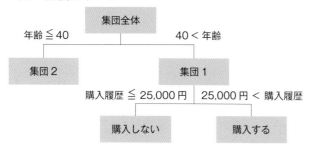

◆図2　k-meansアルゴリズムの結果イメージ

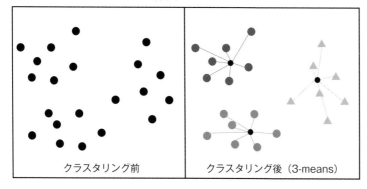

ブースティングとはアンサンブル学習[注3]の一種で、とても強力なアルゴリズムです。アンサンブル学習には、ほかにランダムフォレストという決定木がベースになっている手法もあり、こちらも優れた手法です。

C5.0はRで実行できます。リスト1はC50パッケージを使ったサンプルコードです。

②k-meansアルゴリズム

k-meansアルゴリズムは最も有名なクラスタリングの手法です[編注]。クラスタリングとは、集団のグループ分けを意味します。次の2ステップを反復して計算します。

①データにクラスタを割り振る（中心と一番近いクラスタを割り振る）
②平均値の計算（クラスタごとの平均値を計算する）

ませんが、結果がわかりやすいことから、もっとも利用頻度が高い手法かもしれません。ノードを増やし、階層が深くなり過ぎると、データに対してオーバーフィッティングしてしまうので注意が必要です。オーバーフィッティングとは、特定のデータに過度にフィット（適合）するモデルが、新しいデータに対しては性能が悪くなる現象を言います。

C4.5は1997年に商用のSee5/C5.0にバージョンを上げ、以下のような変更点がありました。

- ブースティングを組み込むことで精度が格段に上がった
- 拡張性が向上し、マルチコアCPUでより効果的に

最初はランダムに中心を決定します。そのあと、①と②を繰り返し、収束するまで計算します（図2）。「いくつのクラスタに分けるのが最適なのかわからない」という問題がありますが、データから最適なk（クラスタ数k個）を推定する方法もいくつか提案されています。たとえばGAP統計量という機械的にクラスタ数を推測する手法があります。RではclusterパッケージのclusGap関数で計算し、クラスタ数を推測します。

k-means法によるクラスタリングでは、集団が固まっている場合にうまくクラスタが分かれないことがあります。そのようなときは、キャノピー

注3）「弱い学習器」をたくさん集めて良い予測値を得ること。
編注）k-meansアルゴリズムについては特集1第1章、第3章でも解説しています。

◆図3　サポートベクターマシンのイメージ

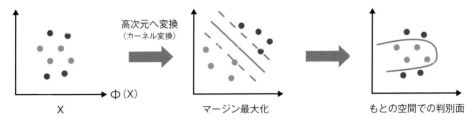

クラスタリング（*canopy clustering*）を用います。キャノピークラスタリングでは、クラスタが一定の間隔で離れて作成されるので、それを初期値とすることで、k-meansのクラスタが生成されます。キャノピークラスタリングは、現時点ではRには実装されておらず、Mahout[注4]で実行できます。

③サポートベクターマシン

サポートベクターマシン（SVM）は機械学習の分野でもっとも代表的な手法です（図3）。SVMはもともと手書き文字などの画像を機械に認識させるためのアルゴリズムとして発展しました。手書き文字などの画像の特徴量（説明変数）はピクセルの数だけあるので膨大ですが、SVMは特徴量が膨大でもかなり早く計算できます。その代わりに、サンプル数（データの個数）が大きくなると、急に計算時間が増加します。そのため、比較的少ないサンプルで、説明変数が多い場合に適した手法です。

さて、SVMを学んでいくと、次の2つの疑問を感じるようになります。

①SVMの結果を解釈できるのか？
②SVMを連続値の予測に応用できるのか？

まずは①の問いですが、SVMの結果を解釈するのはとても難しいです。ただ、数％の予測精度の改善で売上が数千万円も変わるようなビジネスの現場では、「結果の可読性」より「予測精度」を求められることもあります。この2つはトレードオフの関係にあります。

また②の問いに関しては、SVMは連続値にかんたんに応用できます。連続値の予測に当てはめるSVMを、特別にSVR（*Support Vector Regression*）と呼ぶこともあります。Rのe1071パッケージのsvm関数は、結果変数が連続値かカテゴリか、とくに指定しなくても自動で認識してモデルを作ります。

SVMに関してもう1つ気になるのは、学習（パラメータの計算）にかかる時間です。データ数が数万を超えると、明らかに計算時間が増大します。これに関しては、core-vector machineという手法が提案されており、とても速く計算できるようです。

④アプリオリアルゴリズム

アプリオリアルゴリズムは、大量のトランザクションデータの中から価値のあるつながりを見つける（アソシエーションルール分析）ために最もよく使われる手法です。「土曜日はビールとおむつがペアで買われる」という、データマイニングでよく紹介される事例が作られた分析です。ちなみにこの「ビールとおむつの関係」はどうやら都市伝説のようです。ある店舗でたまたま発見されたルールにインパクトがあったので広まってしまいましたが、全体のデータで試したらそんなルールは出なかったという話です[注5]。「特定の集団で発見されたルールは、全体には適応できない」という現象は、分析をしているとよくある話です。

アプリオリアルゴリズムは強力な結果が得られるうえに、ほかの手法に比べて実装が難しくありません。そのため、データ分析者にとっては一番手軽に実装できる手法の1つです。

注4）Apache Software Foundationが公開しているOSSの機械学習アルゴリズムのライブラリ。

注5）『分析力を武器とする企業 強さを支える新しい戦略の科学』日経BP社刊の中で記載がありました。

第4章

C4.5／k-means／サポートベクターマシン／アプリオリ／EM…

データマイニングに必要な11のアルゴリズム

近年のアプリオリアルゴリズムの顕著な発展には、FP-growth[注6]アルゴリズムの存在が大きく影響しています。次のようにデータベースをスキャンすることでルールを作成します。データベースを2回しかスキャンしないので、アプリオリアルゴリズムよりも格段に速い手法です。

① データベースをすべての重要な情報を持つFP-treeという木構造に圧縮する
② 圧縮されたデータベースを高頻度セットに関連する条件つきデータベースに分割し、それぞれをマイニングする

ほかにもさまざまなトピックがありますが、本稿の対象外のため解説は割愛します。

⑤ EMアルゴリズム

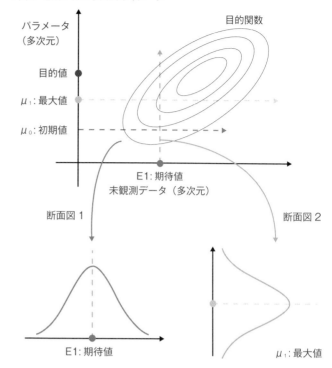

◆図4　EMアルゴリズムのイメージ

期待値最大化法（*Expectation-maximization algorithm*）とも呼ばれます。さまざまな確率モデルでパラメータを推定する際に使われるアルゴリズムです。モデル式が複雑になると数式展開では解を求めることができません。そこで、EMアルゴリズムのような数値計算を最適化する方法によってパラメータを求めます。

EMアルゴリズムを使用する例として、混合分布モデル[注7]のパラメータ推定が、よく紹介されます。混合分布を推定するときには、いくつの正規分布からできているかを決める必要がありますが、最適な数を推定する方法がいくつかあります。おもに、BIC[注8]を利用することと、尤度比検定です。RのMFDAパッケージのMFclust関数にはBICによって最適化する手法があります。

EMアルゴリズムの計算手順は、次のようにして進めます（図4）。

① パラメータの初期値を決める
② Expectationステップ：未観測データの期待値を求める
③ Maximizationステップ：未観測データを動かして、目的関数を最大にするパラメータを求める
④ 収束するまで②と③を繰り返す

EMアルゴリズムはさまざまな場面で利用できる万能な推定方法です。しかし、パラメータが発散して収束できないことや、局所最適な値に陥ってしまうことがあるので注意が必要です。

図4をもとに解説します。目的関数を最大化するパラメータを求めたいときは、まず初期値 $\mu 0$ を決めます。$\mu 0$ を固定して未観測データの期待値を計算します（E1）。次にE1を固定して、目的関数が最大になる $\mu 1$ を求めます。今度は $\mu 1$ を固定して未観測データの期待値を計算します。これを繰り返すと、μ が収束するときには目的関数が最大になっています。

注6） Frequent Pattern growth（頻出パターン成長）
注7） 複数の正規分布が重なりあった分布を仮定するモデル。
注8） Schwarz's Bayesian Information Criterion 統計モデルを選択する基準。

⑥ ページランク

ページランクは1998年にSergey Brin氏とLarry Page氏（Googleの創始者たち）によって提案されたWebページの検索順位を付けるアルゴリズムです。そのアルゴリズムをもとに検索エンジンを開発したGoogleは大成功を収めました。本質的には、ハイパーリンクを投票数のように解釈しています。しかし単純に投票数だけを見ているのではなくて、投票元のページにも重みを付けています。

⑦ アダブースト

1997年に提案された、アンサンブル学習の1つで、ブースティングと呼ばれる手法のアルゴリズムの一種です。いくつかの学習器を組み合わせることで、強力な予測性能が得られます。また実装も難しくありません。

多くの研究によればアダブーストは過学習（オーバーフィッティング）しにくいことがわかっています。つまり、訓練データでエラーが小さいとき、実際のテストデータのエラーも減少するという結果が出ています。アダブーストで、どうしてこのような現象が起こるのかについての研究もされています。Robert Schapire氏[注9]らはこの論文でマージン[注10]をもとにした説明を試みており、この説明が成功すればアダブーストとSVMの関連性が見つかることになります。

アダブーストでは実際に得られる変数の次元が大きいことがよくあります。そのときは、次元縮約と変数選択（特徴選択）の2つのアプローチをとります。次元縮約では数理的な意味づけはできますが、縮約された変数は解釈しにくくなります。それに対して変数選択は解釈しやすいものの、経験的に行われることが多いため数理的に基づくものになりません。今では、アダブーストは数理的な意味合いを持たせたまま、変数選択に利用できるのではないかという研究があります。おもに画像の分野で研究されており、アダブーストを変数選択に応用することはとても重要なトピックでしょう。

ブースティングの中に、勾配ブースティングモデル（*Gradient Boosting Model*）というものがあります。これは近年のアンサンブル学習の中でも最も性能が高い手法です。Rではgbmパッケージのgbm関数で実行できます。今では、数年前に現れたディープラーニングが最も強力な予測モデルと言われていますが、それまではGBMが最も強力でした。ただ、ディープラーニングはSVMのように解釈が難しいと言われています。その点、GBMは決定木がベースになっているので、解釈はしやすいと言われています。

⑧ k-近傍分類

すべての訓練データを記憶してクラスタリングを行う「まる暗記」型の分類器です。あるデータを、最も近いk個のデータの最多数のクラスに分類します。kは、実行者が決める必要があります。kを変えて何回か試してみて、もっとも性能が良いkを利用します。実装も理解するのも簡単ですが、訓練データをすべて記録しておかなくてはならないので計算にとても時間がかかります。分野によってはSVMのような高度な手法よりも性能が良いことがあります（たとえば遺伝子の分野）。

さらに進んだ方法には、精度を落とさないまま訓練データを減らす方法（*condensing*）、訓練データは減らすが精度が高くなる方法（*editing*）、近接グラフへの応用、ファジーアプローチなどがあります。

⑨ ナイーブベイズ

ナイーブベイズはクラスを予測するための手法です。構築するのが簡単で、パラメータを推定するための複雑な繰り返し計算が必要ありません。そのため大きなデータに対しても適用できます。解釈もしやすく、性能もとても良いです。

ナイーブベイズは簡潔であり、エレガントであ

注9) URL http://www.cs.princeton.edu/~schapire/
注10) データを高次元に変換したときの、判別面とサンプルとの距離のこと。

り、強力であることから、さまざまな分野で応用されています。テキスト分類やスパムフィルタリングで広く利用されています。また統計、データマイニング、機械学習、パターン認識の分野でさまざまな応用や改良がされています。ベイジアンネットワーク、boostedナイーブベイズのように進んだ手法もあります。Rではベイジアンネットワークはbnlearnパッケージのlearn関数で実行できます。

⑩ CART

1984年に出版された教科書で提案されたCART（*Classification and Regression Trees*：分類と回帰木）が、人工知能・機械学習・ノンパラメトリック統計学・データマイニングの分野での大きな節目となりました。CARTは2分岐の決定木によってクラス、連続値、生存時間などを予測できる手法です。欠測値も1つのカテゴリとして扱うことで、欠測のあるデータをそのままアルゴリズムに使用できることも利点の1つです。

⑪ ディープラーニング

ディープラーニングは2010年頃に提案された新しい手法です。ニューラルネットワークを発展させたもので、画像認識の分野で発明されました。これまでのどの手法よりも推定精度が高く、人間でなくては判別できないようなものまで認識できたことで注目されています。しかし、高い精度を出す分、計算処理は多く、データサイズが多くなると計算に時間がとてもかかります。RやPythonなどの言語で実装されています。現在はカテゴリ分類のための手法として使われており、連続値の推定への応用が期待されます。

おわりに

今回紹介した手法は、今やRやPythonなどで手軽に利用できますが、アルゴリズムの開発にはどれも歴史があります。このランキングは2006年のものですが、今でも強力な手法ばかりです。今回、回帰モデルや判別分析、主成分分析などのような、古典的な統計アルゴリズムは今回紹介していません。これらのアルゴリズムはモデルの可読性に重点を置いているので、データを理解するときに向いています。

古典的なアルゴリズムも最新のものもよく理解し、分析の目的によって適切に使い分けることができると、よりハイレベルなデータサイエンティストになれるでしょう。

筆者が2011年に立ち上げたiAnalysis合同会社では、このようなデータ分析手法をビジネスに役立てるためのコンサルティング・分析サービスを提供しています。リクルート、NTTドコモ、ベネッセ、本田技研工業、JAXAなどさまざまな業種で成果を上げてます。興味のある方はぜひホームページをご覧ください。

URL http://ianalysis.jp/

技術評論社

オープンデータ｜QGIS

統計・防災・環境情報が ひと目でわかる 地図の作り方

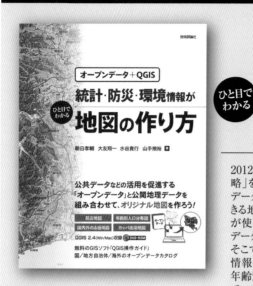

2012年7月にIT総合戦略本部は「電子行政オープンデータ戦略」を取りまとめ、総務省が中心となって公共データ（オープンデータ）が積極的に公開されています。また、データを可視化できる地理情報システムにはバージョンアップした無料の「QGIS」が使えるため、企業や自治体などで地図に関連したオープンデータ活用が見込まれています。
そこで本書では、各組織の担当者が一から学べるように、地理情報の基本から収集したデータの扱い方、さらに防災地図や年齢別人口分布図などの具体的な作り方や見せ方まで解説しています。

朝日孝輔、大友翔一、水谷貴行、山手規裕 著
B5変形判／240ページ／DVD1枚
定価(本体3,500円+税)
ISBN 978-4-7741-6913-2

大好評発売中！

こんな方におすすめ
・オープンデータを利用、活用する方
・地理情報システムに興味のある方

技術評論社

統計・防災・位置情報が
ひと目でわかる

ビーコンアプリの作り方

2013年にApple社からビーコンの新技術である「iBeacon」が発表され注目を集めています。また、2015年7月にはGoogle社から同様に「Eddystone」も発表されました。ビーコンデバイスとスマホアプリの組み合わせは、新しい社会インフラとして期待されています。
そこで、本書では、著者らが実証実験を行った事例も踏まえ、ビーコンアプリ（位置情報アプリ）の開発方法のほか、地図情報の表示・分析やこれからの活用方法まで解説していきます。

市川博康、竹田寛郁 著
B5変形判／224ページ
定価(本体3,500円+税)
ISBN 978-4-7741-8037-3

大好評発売中！

こんな方におすすめ
・ビーコンデバイスを活用したい自治体や企業担当者
・ビーコンアプリを開発するエンジニア

特集2

スキルアップのための
マーケティング分析本格入門

データ分析はさまざまな分野で応用されますが、この特集ではマーケティングに応用する例を紹介します。まず大量のユーザの趣味や行動情報を解析し、効果的な広告戦略を打つ際の流れを解説し、続いて検定やテストを用いて、Webサイトの改善にデータ分析を応用します。続いて、㈱ミクシィがユーザデータを基にした広告商品の大幅リニューアルをいかに成功させたか、大規模なデータマイニングの事例として紹介します。

さらに、マーケティングに応用可能なソーシャルネットワーク分析の方法を解説します。この特集で、実際のビジネスには、どういった分析手法が用いられているかの理解を深めてください。

第1章 データサイエンスを応用した広告戦略とサイト改善
Rによるマーケティング分析

第2章 ターゲティング広告リプレースのポイントを公開
mixiにおける大規模データマイニング事例

第3章 マーケティングに役立つ
ソーシャルメディアネットワーク分析

特集2 マーケティング分析本格入門

第1章

データサイエンスを応用した広告戦略とサイト改善
Rによるマーケティング分析

マーケティング分野でのデータ分析は、売上管理だけではありません。サービスや商品が置かれるポジションの把握、広告戦略、Webサイトの改善にデータ分析が応用されます。ここでは、データサイエンスをマーケティングにどう活用していくかを紹介します。

DATUM STUDIO株式会社
里 洋平 *SATO Yohei* y.sato@datumstudio.jp TwitterID：@yokkuns

はじめに

マーケティングサイエンスは、統計学をはじめとしたさまざまな領域の方法論が取り入れられた非常に興味深いサイエンスです。しかしその領域の広さゆえ、実務への適用に至っていないのが現状です。この章では、マーケティングの基本的な考え方とともに、代表的な分析手法についてR言語を使って解説します。R言語の基本操作については、特集1の第1章「Rで統計解析をはじめよう」を参考にしてください。

ポジショニング戦略を立てる

市場はさまざまな価値観や趣向を持った人たちで構成されています。その市場に対して、何も考えず思いつきでサービスや商品を提供するのはたいへん非効率です。企業や組織は、ある程度ターゲットとなる人たちを決め、そのターゲットが興味を引きそうなサービスや商品を提供します。

ポジショニング戦略とは、「市場はどのような人で構成されていて（**セグメンテーション**）、その中の誰をターゲットにし（**ターゲティング**）、どんなサービスや商品を提供するのか（**ポジショニング**）」を決める戦略です。

セグメンテーション

セグメンテーションとは、市場の人々を何らかの基準でいくつかの意味のあるグループに分けることです。伝統的なセグメンテーションの方法は、性別や年代、職業、地域などの基本的な属性データを使ってグループ分けすることです。しかし、

◆表1 消費行動によるセグメンテーションのための質問項目

Q1	買う前に値段をよく比較する方だ
Q2	ブランド品にはそれなりの良さがあると思う
Q3	ものを定価で買うのはばかげていると思う
Q4	ひとつのブランドを使い続ける方だ
Q5	衝動買いをよくする方だ
Q6	計画的な買物をすることが多い方だ
Q7	中古品でも気にしない方だ
Q8	いろいろな商品の情報に詳しい方だ
Q9	今どうしても欲しいものがこれといって思い当たらない
Q10	品数が豊富な店までわざわざ行く方だ
Q11	同じものが普及すると興味がなくなる方だ
Q12	いつも予定より多く買物をしてしまう方だ
Q13	雑誌や周りを参考にしてものを買うことが多い
Q14	買ったものでもすぐに飽きてしまう方だ
Q15	自分は買い物上手なほうだと思う
Q16	ものを買うとき生産国は気にしない方だ
Q17	ものを買うとき機能よりもデザインを重視する

◆図1 意味のあるグループ分け

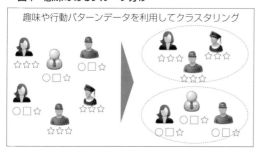

第1章
データサイエンスを応用した広告戦略とサイト改善
Rによるマーケティング分析

◆リスト1　主成分分析の実行

```
# データの読み込み
sp.user.data <- read.csv("sp_user_research_data.csv", header = T)

# 主成分分析の実行
sp.user.pca <- prcomp(sp.user.data[, -1], scale = T)

# バイプロットの表示
biplot(sp.user.pca)
```

◆リスト2　k-meansによるクラスタリングの実行

```
# k-means法によるクラスタリング
sp.user.km <- kmeans(sp.user.data[, -1], 4)

# 主成分分析の結果にクラスターの情報を付与
sp.user.pca.df <- data.frame(sp.user.pca$x)
sp.user.pca.df$id <- sp.user.data$id
sp.user.pca.df$cluster <- as.factor(sp.user.km$cluster)

# 描画
ggplot(sp.user.pca.df, aes(x = PC1, y = PC2, label = id, col = cluster)) +
    geom_text() +
    theme_bw(16)
```

◆リスト3　レーダーチャートの作成

```
library(fmsb)

# レーダーチャート用にデータを整形
df <- data.frame(scale(sp.user.km$centers))
dfmax <- apply(df, 2, max) + 1
dfmin <- apply(df, 2, min) - 1
df <- rbind(dfmax, dfmin, df)

# レーダーチャートの描画
radarchart(df, seg = 5, plty = 1, pcol = rainbow(4))
legend("topright", legend = 1:4, col = rainbow(4), lty = 1)
```

◆図2　消費行動の主成分分析の結果

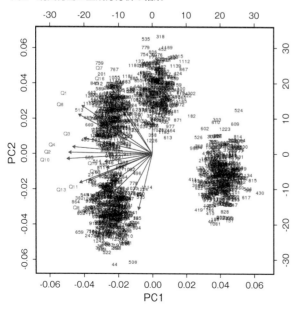

趣味嗜好が多様化した現在、このような基本的な属性データによる区分ではビジネスにおいて意味のあるグループ分けができなくなっています。そこで、基本的な属性データに加えて趣味や行動パターンデータを利用したクラスタリングが必要です（図1）。ここでは、仮想データにk-means法を使ってセグメンテーションを実行します。

今回使うデータは、株式会社IMJモバイルが公開している「スマートフォンユーザ動向定点観測2011[注1]」から作成した仮想データです。全国の15～49歳でiPhone、Androidスマートフォンを保有する男女を対象に、表1のような質問をアンケートしたデータです。サンプルデータは次のURLからダウンロードできます。

URL http://gihyo.jp/book/2016/978-4-7741-8360-2/support

まず、ユーザ間の類似関係をざっくりと把握するために、リスト1で主成分分析を実行して可視化します（図2）。

図2を見ると、どうやら4つのグループ（クラスタ）に分けられそうです。そこで今回は、k-means法を使って4つのクラスタに分けます（リスト2）。

図3のようにうまく4つのクラスタに分けることができます。続いて、各クラスタの特

注1）現在データは公開されていません。次のURLから最新の調査レポートを確認できます。
URL www.imjp.co.jp/lab/report/

◆図3　クラスタリングの結果

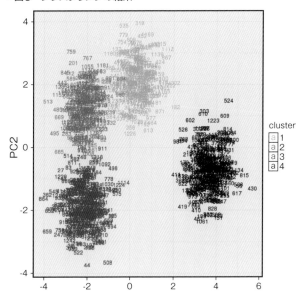

◆図4　レーダーチャート

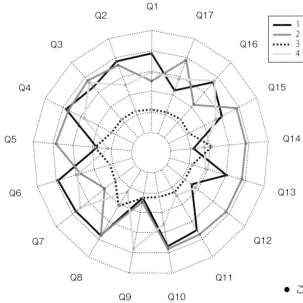

◆図5　セグメンテーションの結果

こだわりデジタル層	慎重スロースターター層
・衝動買いをしない ・買う前に値段を比較する ・計画的な買い物をする	・欲しいものが思い当たらない ・商品の情報に詳しくない ・衝動買いをしない
控えめフォロワー層	飛びつきミーハー層
・全般に消費意欲が低い	・衝動買いを良くする ・雑誌や周りを参考に買う ・予定よりも多く買う

徴を調べてみましょう。クラスタの特徴を把握するには、レーダーチャートと呼ばれるグラフを使うと理解しやすいです。R言語では、fmsbパッケージのradarchart関数で描くことができます。リスト3を実行すると、クラスタごとに4色で色分けして表示されます。1色で表示するためにクラスタごとの線を引き直したのが図4です。

　図4を見ると、以下のようなことがわかります。

　クラスタ1は、「Q5 衝動買いをよくする」は低く、「Q1 買う前に値段を比較する」「Q6 計画的な買い物をする」が高くなっています。よってこのクラスタは、よく吟味して消費するようなクラスタのようです。

　クラスタ2は、「Q9 ほしいものが思い当たらない」がほかのクラスタに比べて高く「Q8 商品の情報に詳しい」や「Q5 衝動買いをよくする」が低くなっています。このことから、消費意欲が低いクラスタと考えられます。

　クラスタ3は、全体的に値がほかのクラスタに比べて低く、一番消費意欲が低いクラスタのようです。

　クラスタ4は、「Q5 衝動買いをよくする」やQ12〜Q15の「予定より多く買う」「雑誌やまわりを参考にして買う」がほかのクラスタよりも高い特徴が見られます。よってこのクラスタは流行に敏感で消費意欲が高いと言えます。

　IMJモバイルの調査結果レポートでは、各クラスタを次のように命名しています。

- こだわりデジタル層（クラスタ1）
- 慎重スロースターター層（クラスタ2）
- 控えめフォロワー層（クラスタ3）
- 飛びつきミーハー層（クラスタ4）

　ここまでの分析結果から、市場が大きく4つのクラスタで構成されていることがわかりました（図5）。この中で、誰をターゲットにするかは各企業の戦略にもよりますが、本章では消費意欲の高い「飛びつきミーハー層」をターゲットにします。

ポジショニング

自分たちがターゲットとするセグメントが決まったら、彼らが認識する自分たちのサービスと競合サービスとの位置づけを整理し、どんなサービスを提供するか検討します。位置づけを整理することで、既存サービスを他社との競争がないところへポジショニングし直す、また、そのポジションを狙った新サービスを打ち出す、などの戦略を立てることができます。位置づけを理解するには知覚マップと呼ばれるグラフを作成します。そのマップ上で近い位置にあるサービスは競争関係にあります。次にそのマップ上でユーザが重視している方角（選好ベクトル）を算出し、どういった位置づけのサービスが興味を引くのかを調べます（図6）。

先ほどの、「飛びつきミーハー層」のスマートフォンで利用しているサービス評価の仮想データを使って、MDS（*Multi-dimensional scaling*：多次元尺度構成法）で知覚マップを作成してみましょう（リスト4）。描画したものが図7です。

次に、このターゲット層の選好ベクトルを描画し、どこへポジショニングすることが他社との競

◆リスト4　MDSによる知覚マップの作成

```
library(MASS)

# 選好データの読み込み
target.data <- read.csv("target_preference_data.csv", header = T)

# 非計量MDSの実行
service.dist <- dist(t(target.data[, -1]))
service.map <- isoMDS(service.dist)

# 描画用のデータ整形
service.map.df <- data.frame(scale(service.map$points))
service.map.df$service_name <- names(target.data[, -1])

# 描画
ggplot(service.map.df, aes(x = X1, y = X2,
  label = service_name)) +
    geom_text() +
    theme_bw(16)
```

◆リスト5　選好ベクトルの推定

```
# 選好ベクトルの推定
user.preference.data <-
  do.call(rbind,
          lapply(1:nrow(target.data),
                 function(i){
                   preference.data <- data.frame(
                     p=as.numeric(target.data[i,-1]),
                     X1=service.map.df$X1,
                     X2=service.map.df$X2)
                   fit <- lm(p~., data=preference.data)
                   b <- 2 / sqrt(fit$coef["X1"]^2+fit$coef["X2"]^2)
                   data.frame(X1=b*fit$coef["X1"],
                              X2=b*fit$coef["X2"],
                              service_name=i)
                 }))

# 選好ベクトルの描画
ggplot(service.map.df, aes(x=X1,y=X2,label=service_name)) +
  geom_text() +
  theme_bw(16) +
  xlim(-2,2) +
  ylim(-2,2) +
  geom_point(data=user.preference.data, aes(x=X1,y=X2))
```

◆図6　知覚マップと選好ベクトル

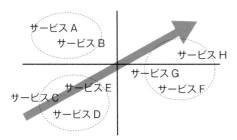

◆図7　スマートフォンサービスの知覚マップ

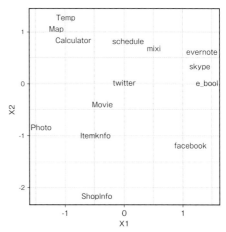

◆図8　選好ベクトルのイメージ

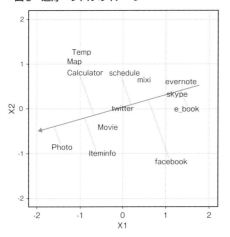

◆図11　代表的な予測モデル

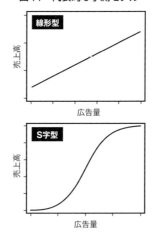

◆図9　知覚マップに選好ベクトルを描画

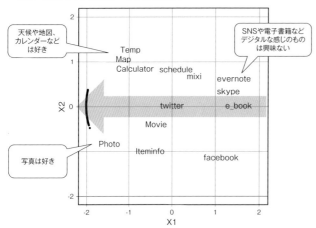

◆図10　広告の分類

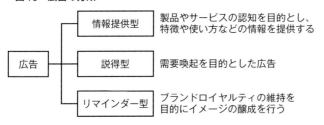

図9を見ると、ターゲットとしているユーザ層は、facebookやmixiなどのSNSよりも写真（Photo）や動画（Movie）、地図（Map）、計算機（Calculator）などのサービスを好んで使っていることが分かります。facebookと連携したものより、写真や地図関連で考えたサービスのほうが期待できそうです。

広告戦略を立てる

広告は、自分たちの製品やサービスの情報をターゲットに伝えるための企業のコミュニケーション活動です。おもに、「情報提供型」、「説得型」、「リマインダー型」の3つに分類できます（図10）。今回のマーケティング戦略全体の中で広告戦略が果たすべき役割が何かを明確にし、使う媒体や訴求内容を決定します。

広告効果測定モデル

広告量やほかの要因を説明変数としたKPI[注2]の予測モデルを構築し、それぞれの要因がどのKPIにどのように影響しているかを明確にします。予測モデルには、図11のような回帰モデルが使われます。ここでは、この中でよく使われる線形型と

争がなく、かつ市場規模が大きいのかを検討します（リスト5）。あるユーザの選好ベクトルを描画すると、図8のようになります。この矢印の先に行くほど、このユーザが好んでいることを表しています。これを人数分実行することで、どこの位置づけにすると市場規模が大きいのかがわかってきます。ここでは、人数分の矢印を描くと見にくくなるので、長さを統一して点で描画してみます（図9）。

注2）Key Performance Indicator（重要業績評価指標）

第1章 データサイエンスを応用した広告戦略とサイト改善
Rによるマーケティング分析

◆リスト6　利用する仮想データの読み込み

```
library(ggplot2)
library(scales)

# GRPと売上データの読み込み
grp.data <- read.csv("grp.csv", header = T)

# 上位6件を表示
head(grp.data)

# 散布図の描画
ggplot(grp.data, aes(x = grp, y = amount)) +
    geom_point() +
    scale_y_continuous(label = comma, limits = c(0, 360000)) +
    ylab("売上") +
    xlab("GRP") +
    theme_bw(16)
```

◆リスト7　線形型モデルの構築

```
# 線形モデルの可視化は、geom_smooth関数ですぐにできる
ggplot(grp.data, aes(x = grp, y = amount)) +
    geom_point() +
    scale_y_continuous(label = comma, limits = c(0, 360000)) +
    ylab("売上") +
    xlab("GRP") +
    geom_smooth(method = "lm") +
    theme_bw(16)

# モデル構築
fit <- lm(amount ~ grp, data = grp.data)

# モデル概要の表示
summary(fit)

Call:
lm(formula = amount ~ grp, data = grp.data)

Residuals:
   Min     1Q Median     3Q    Max
-31521  -8275    321   8701  36962

Coefficients:
             Estimate Std. Error t value Pr(>|t|)
(Intercept) 229812.5     2561.7    89.7   <2e-16 ***
grp            455.5       15.9    28.6   <2e-16 ***
---
Signif. codes:  0 '***' 0.001 '**' 0.01 '*' 0.05 '.' 0.1 ' ' 1

Residual standard error: 13100 on 198 degrees of freedom
Multiple R-squared:  0.805,	Adjusted R-squared:  0.804
F-statistic:   818 on 1 and 198 DF,  p-value: <2e-16
```

価格やキャンペーンなどのほかの要因も使って分析しますが、ここでは説明のためGRPのみのデータで分析します。リスト6のようにデータを読み込み散布図を描画します。描画したものが図13です。

● 線形型

GRPが1増えると売上がβだけ増加するという最も単純なモデルです。リスト7ではgeom_smooth関数を用いて散布図を描画しています（図14）。R言語ではlm関数にそのまま取り込むだけでモデルを構築できます。続いて構築したモデルの概要をsummary関数で示しています。

まず、構築したモデルがどれくらい当てはまりが良いのか決定係数と呼ばれる指標で確認します。決定係数R^2は、0から1の値を取る指標で、1に近いほど当てはまりが良いことを示します。R-squaredの数値を見ると0.805ですので、なかなか当てはまりの良いモデルを構築できたようです。次に、GRPの影響度を見てみましょう。見るべきところは、grpの係数です。このモデルでは455.5になっており、これは1GRP当たり売上が455円増える効果があることを示しています。

逓減型について紹介します。

では、以下のような仮想のGRP（*Gross Rating Point*）と売上のデータ（図12）を使って売上への影響を分析してみます。GRPとは延べ視聴率のことでTVCMの定量指標として使われています。実際にはGRP以外にも

◆図12　利用する仮想のGRPと売上データ（grp.csv）

```
##     amount    grp
## 1   296650 132.23
## 2   268592 107.82
## 3   304819  90.57
## 4   263650  77.51
## 5   246754  74.13
## 6   309655 161.44
```

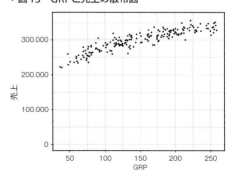

◆図13　GRPと売上の散布図

逓減型

線形モデルは、GRPを増やせば永久的に売上も伸び続けることを表していますが、現実的にはありえません。ある程度GRPを投下すると売上の増加が鈍化してきます。そういった現実的な推移を想定したのが、逓減型の回帰モデルです。リスト8ではlm関数で、目的変数と説明変数を対数変換することでモデルを構築しています。続いてsummary関数でモデルの概要を示し、geom_line関数を用いて描画しています（図15）。

図15を見てみると、単純な線形型モデルよりもかなりフィットしているように見えます。実際に決定係数を確認してみると、R-squaredの値が線形型モデルでは0.805に対して、逓減型モデルは0.843と高くなっています。ではGRPの影響度を見てみましょう。log（grp）の係数は0.21となっています。これは、GRPが1％増えると売上はおおよそ0.21％増えることを意味しています。たとえば、grpが100から200に変化（100％増）するときと、200から300に変化（50％増）するときは、実数の増分は同じ100ですが、売上は、100から200のときは、100×0.21％=21％増、200から300のときは、50×0.21％=10.5％増と増加が小さくなります。

◆リスト8　逓減型モデルの構築

```
# 逓減型モデルの構築
fit <- lm(log(amount) ~ log(grp), data = grp.data)

# モデル概要
summary(fit)

Call:
lm(formula = log(amount) ~ log(grp), data = grp.data)

Residuals:
     Min       1Q   Median       3Q      Max
-0.1218  -0.0236  -0.0033   0.0257   0.1165

Coefficients:
             Estimate Std. Error t value Pr(>|t|)
(Intercept) 11.54696    0.03238   356.6   <2e-16 ***
log(grp)     0.21393    0.00655    32.7   <2e-16 ***
---
Signif. codes:  0 '***' 0.001 '**' 0.01 '*' 0.05 '.' 0.1 ' ' 1

Residual standard error: 0.0406 on 198 degrees of freedom
Multiple R-squared:  0.843,    Adjusted R-squared:  0.843
F-statistic: 1.07e+03 on 1 and 198 DF,  p-value: <2e-16

# 予測結果を描画
fit.data <- data.frame(grp = grp.data$grp, amount = 
exp(fit$fitted.values))
ggplot(grp.data, aes(x = grp, y = amount)) +
  geom_point() +
  geom_line(data = fit.data, aes(x = grp, y = amount)) +
  scale_y_continuous(label = comma, limits = c(0, 360000)) +
  ylab("売上") +
  xlab("GRP") +
  theme_bw(16)
```

◆図14　売上予測モデル（線形型モデル）

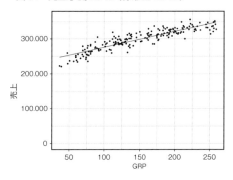

◆図15　売上予測モデル（逓減型モデル）

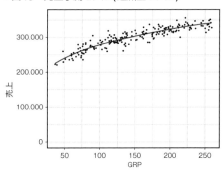

Webサイトを改善して売上を伸ばす

A/Bテストと誤差

A/Bテストは、2つの、もしくは複数のバージョンのWebページを出し分け、一番成績が良いページを決定するためのテストです。統計学の世界ではランダム化比較実験と呼ばれています。ここでは、A/Bテストの際に考えなくてはならない誤差やサンプルサイズについての理解を深めるため、真のコンバージョン率というものを仮定してシ

第1章 データサイエンスを応用した広告戦略とサイト改善
Rによるマーケティング分析

◆リスト9 AとBが同じ場合のA/Bテストのシミュレーション

```
library(plyr)

# A/Bの真のコンバージョン率を設定
A1.CVR <- 0.09
B1.CVR <- 0.09

# サンプル数
n <- 10000
set.seed(2)

# シミュレーション
AB1 <- data.frame(Pattern = c(rep("A", n), rep("B", n)),
CV = c(rbinom(n, 1, A1.CVR), rbinom(n, 1, B1.CVR)))

# コンバージョン率の算出
ddply(AB1, .(Pattern), summarize, CVR = mean(CV))
  Pattern    CVR
1       A 0.0942
2       B 0.0912
```

◆リスト10 Bのほうが高い場合のA/Bテストのシミュレーション

```
# Bの方が真のコンバージョン率は高い
A2.CVR <- 0.095
B2.CVR <- 0.097
n <- 10000
set.seed(2)

# シミュレーション
AB2 <- data.frame(Pattern = c(rep("A", n), rep("B", n)),
CV = c(rbinom(n, 1, A2.CVR), rbinom(n, 1, B2.CVR)))

# コンバージョン率の算出
ddply(AB2, .(Pattern), summarize, CVR = mean(CV))
  Pattern    CVR
1       A 0.100
2       B 0.097
```

ミュレーションしてみます。

まず、AとBがまったく同じコンバージョン率だった場合を考えてみます。コンバージョン率を9%で、テストして得られた件数をそれぞれ1万件としてシミュレーションしてみると**リスト9**のようになりました。

AとBの真のコンバージョン率は同じであるのに、AのほうがBよりも0.3%程度コンバージョン率が高いという結果になりました。この結果を受けて、「AのほうがBよりも良いので、採用！」というのは、マイナスにこそならないものの若干のミスリードと言えます。場合によっては、現状のページを変更するコストなどが発生しマイナスになる可能性もあります。

次に、AのほうがBよりも大きいパターンです。Aのコンバージョン率を9.5%、Bのコンバージョン率を9.7%としてみると**リスト10**のようになりました。

何と、今度は真のコンバージョン率はBのほうが高いにもかかわらず、Aのほうが0.3%程度高いという結果になっています。これで、「Aのほうが良いので採用！」は完全なミスリードです。

このように、実際には差はないのに誤差や偶然によって差があるように見えることや、逆転してしまうことがあるため、A/Bテストの結果を数値だけで判断することはできません。

● 検定

A/Bテストの結果はどう判断すればよいのでしょうか。

統計学の世界では、このAとBの差が意味のある差なのかどうかを判定する検定という解析手法を使って判断します。コンバージョン率を判定するような場合には、カイ二乗検定を使います。これは、AとBのパターンの違いとコンバージョンするかしないかとの間に関連性があるかを調べる手法です。先ほどの例を検定してみましょう（**リスト11**）。

この実行結果で重要なのは、p-valueという項目です。このp-valueは、実際には何の違いがなくても、得られたデータくらいの差が発生する確率を

◆リスト11 カイ二乗検定

```
# カイ二乗検定の実行（シミュレーション1）
chisq.test(table(AB1))

    Pearson's Chi-squared test with Yates' continuity correction

data:  table(AB1)
X-squared = 0.49996, df = 1, p-value = 0.4795

# カイ二乗検定の実行（シミュレーション2）
chisq.test(table(AB2))

    Pearson's Chi-squared test with Yates' continuity correction

data:  table(AB2)
X-squared = 0.47355, df = 1, p-value = 0.4914
```

特集2 スキルアップのための マーケティング分析本格入門

表しています。つまり、今回テストしたAとBにまったく違いがなくても、48％もしくは49％くらいの確率で差が出てしまうということです。

通常、この値が5％以下の場合に意味のある差として見なします。

さて、この誤差は何によって発生しているのでしょうか。実はそのデータの件数（サンプルサイズ）によって発生しています。件数が少ないと誤差が大きくなり、件数が多くなるとその誤差は小さくなります。これは、サイコロを振ったときの1の目が出る確率は1/6のはずなのに、振る回数が少ないうちは、偶然100％にも0％にもなり得ることとまったく同じ理屈です。試しに、件数を50万件に増やしてシミュレーションし、カイ二乗検定の結果を見てみましょう（リスト12）。

テストの結果はほぼ真のコンバージョン率になっていること、カイ二乗検定の結果がp-value=1.7％となり、有意差があると確認できます。

● 多変量テスト

多変量テストとは、サイトを構成する画像やテキストなどの構成要素の組み合わせを出し分け、各要素がコンバージョンにどの程度影響しているのかを明らかにするためのテストです。統計学の世界では実験計画法、マーケティングリサーチの世界ではコンジョイント分析と呼ばれています。サイトの構成要素の組み合わせは膨大な数になりますが、多変量テストでは、表2のような直交表と呼ばれる表を使うことで、少ない出し分け（組み合わせ）パターンで各要素の効果を算出できます。表2を見てみると、パターンID1〜4は、ImageAがすべて1で、ほかはそれぞれ1と2が2回ずつ、パターンID5〜8は、ImageAはすべて2でほかはそれぞれ1と2が2回ずつになっています。したがって、パターンID1〜4の合計とパターンID5〜8の合計の差分はImageA1とImageA2の差と言うことになります。ほかのパターンも同様に個別に1と2の差分を算出できるようになっています。このイメージを図16.1と図16.2に示します。図16.1はImageA1とImageA2で差がなかった場合、図16.2はImageA1よりImageA2の効果が高かった場合を表しています。

では、多変量テストをRで実行してみましょう。サンプルデータは次のURLからダウンロードできます。

URL http://gihyo.jp/book/2016/978-4-7741-8360-2/support

ここでは、コンジョイント分析用のconjointパッケージを利用して直交表を作り、ロジス

◆リスト12　50万件でのシミュレーション

```
# Bの方が少し高い
A3.CVR <- 0.095
B3.CVR <- 0.097
n <- 500000
set.seed(2)

# シミュレーション
AB3 <- data.frame(Pattern = c(rep("A", n),rep("B",n)),CV = ⤶
c(rbinom(n, 1, A3.CVR), rbinom(n, 1, B3.CVR)))

# コンバージョン率の算出
ddply(AB3, .(Pattern), summarize, CVR = mean(CV))
  Pattern      CVR
1       A 0.095192
2       B 0.097040

# カイ二乗検定の実行
chisq.test(table(AB3))

    Pearson's Chi-squared test with Yates' continuity correction

data:  table(AB3)
X-squared = 9.8061, df = 1, p-value = 0.001739
```

◆表2　多変量テスト用の直交表

パターンID	ImageA	ImageB	TextA	TextB	パターン
1	1	1	1	1	ImageA1,ImageB1,TextA1,TextB1
2	1	1	1	2	ImageA1,ImageB1,TextA1,TextB2
3	1	2	2	1	ImageA1,ImageB2,TextA2,TextB1
4	1	2	2	2	ImageA1,ImageB2,TextA2,TextB2
5	2	1	2	1	ImageA2,ImageB1,TextA2,テ TextB1
6	2	1	2	2	ImageA2,ImageB1,TextA2,TextB2
7	2	2	1	1	ImageA2,ImageB2,TextA1,TextB1
8	2	2	1	2	ImageA2,ImageB2,TextA1,TextB2

ティック回帰モデルを使って各要素の効果を算出してみます。

リスト13のようにすることで直交表ができたので、このパターンで出し分けテストを行います。ここからは、仮想のテスト結果データを使って、各要素の効果を分析してみます（リスト14）。

リスト15のようにしてロジスティック回帰モデルは、glm関数で実行することができます。ここでは、さらにstep関数を使って変数選択も同時に実行しました。

モデル概要を見ると、imgAとtxtBがコンバージョンへ有意に影響を与えていることが分かります。係数はマイナスですので、それぞれImageA1、TextB1のコンバージョンが高いことを意味します。epicalcパッケージのlogistic.display関数（リスト16）を使ってオッズ比を確認してみましょう。オッズとは、ある事象の起こりやすさを比較して示すための指標で、今回の場合、「ImageA1はImageA2に比べて○○倍コンバージョン確率が高い」と言うことを意味します。

実行結果から、ImageA1のほうがImageA2よりも1.29倍（1÷0.7756）、TextB1のほうがTextB2よりも1.69倍（1÷0.593）コンバージョンが高くなることが明らかになりました。よって、このWebサイトは、ImageA1とTextB1の組み合わせを採用すると良いと判断できます。

◇◇◇

ここまでRによるマーケティングサイエンスについてかけあしで解説してきました。これを機に、少しでもマーケティングサイエンスに興味を持っていただけると幸いです。

◆図16.1　多変量テストのイメージ1

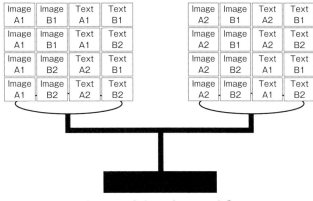

◆図16.2　多変量テストのイメージ2

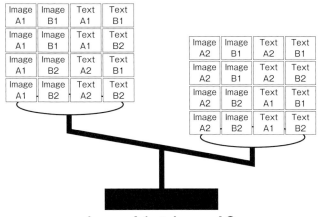

◆リスト13　直交表の作成

```
library(conjoint)
# 構成要素
experiment <- expand.grid(
imgA = c("ImageA1", "ImageA2"),
imgB = c("ImageB1", "ImageB2"),
txtA = c("TextA1", "TextA2"),
txtB = c("TextB1", "TextB2"))
# 直交表の作成
design.ort <- caFactorialDesign(data 
= experiment, type = "orthogonal")
       imgA     imgB    txtA    txtB
2   ImageA2  ImageB1  TextA1  TextB1
3   ImageA1  ImageB2  TextA1  TextB1
5   ImageA1  ImageB1  TextA2  TextB1
8   ImageA2  ImageB2  TextA2  TextB1
9   ImageA1  ImageB1  TextA1  TextB2
12  ImageA2  ImageB2  TextA1  TextB2
14  ImageA2  ImageB1  TextA2  TextB2
```

◆リスト14　仮想のテスト結果データの読み込み

```
# 仮想のテスト結果データの読み込み
web.test.data <- read.csv("web_test_sample.csv", header = T)
# 上位6件だけ表示
head(web.test.data)
   prof    imgA     imgB    txtA    txtB  cv
1     2  ImageA1  ImageB2  TextA2  TextB2   0
2     2  ImageA1  ImageB2  TextA2  TextB2   1
3     2  ImageA1  ImageB2  TextA2  TextB2   0
4     2  ImageA1  ImageB2  TextA2  TextB2   0
5     2  ImageA1  ImageB2  TextA2  TextB2   0
```

◆リスト15　ロジスティック回帰モデルの構築

```
# ロジスティック回帰モデルの構築
fit <- step(glm(cv ~ ., data = web.test.data[, -1], family = binomial))
# モデル概要
summary(fit)

Call:
glm(formula = cv ~ imgA + txtB, family = binomial, data = web.test.data[,
    -1])

Deviance Residuals:
   Min      1Q  Median      3Q     Max
-0.932  -0.839  -0.748   1.445   1.794

Coefficients:
            Estimate Std. Error z value Pr(>|z|)
(Intercept) -0.6096     0.0132   -46.3   <2e-16 ***
imgAImageA2 -0.2541     0.0160   -15.8   <2e-16 ***
txtBTextB2  -0.5226     0.0161   -32.4   <2e-16 ***
---
Signif. codes:  0 '***' 0.001 '**' 0.01 '*' 0.05 '.' 0.1 ' ' 1

(Dispersion parameter for binomial family taken to be 1)

    Null deviance: 93813  on 79999  degrees of freedom
Residual deviance: 92498  on 79997  degrees of freedom
AIC: 92504

Number of Fisher Scoring iterations: 4
```

◆リスト16　logistic.displayの実行

```
library(epicalc)
logistic.display(fit, simplified = T)

              OR lower95ci upper95ci   Pr(> Z)
imgAImageA2 0.7756   0.7516   0.8003 1.298e-56
txtBTextB2  0.5930   0.5746   0.6120 1.207e-230
```

参考資料

1. 『マーケティングの統計分析』（照井伸彦、ウィラワン・ドニ・ダハナ、伴正隆著／朝倉書店刊／ISBN978-4-254-12813-0）
2. 『Rによるマーケティングシミュレーション』（朝野熙彦著／同友館刊／ISBN978-4496044076）
3. 『戦略経営に活かすデータマイニング』（山鳥忠司、古本孝著／かんき出版刊／ISBN978-4761259624）
4. 『個客行動を予測するデータマイニング』（佐藤雅春著／日刊工業新聞社刊／978-4526047367）
5. 『Rで学ぶデータサイエンス13 マーケティングモデル』（金明哲編、里村卓也著／共立出版刊／ISBN978-4-320-11016-8）
6. 『Rで学ぶデータサイエンス17 社会調査データ解析』（金明哲編、鄭躍軍、金明哲著／共立出版刊／ISBN978-4-320-01969-0）
7. 『品質管理のための統計手法』（永田靖著／日本経済新聞社刊／978-4532110895）
8. スマートフォンユーザー動向定点観測 2011 http://www.imjp.co.jp/FileUpload/files/documents/release/2011/imjm20110909.pdf
9. Rでコンジョイント分析 http://www.slideshare.net/bob3/r-19234607
10. R言語で学ぶマーケティング分析 競争ポジショニング戦略 http://www.slideshare.net/yokkuns/r-22276096

特集 2　マーケティング分析本格入門

第2章

ターゲティング広告リプレースのポイントを公開
mixiにおける大規模データマイニング事例

SNSをはじめとしたWebサービスでは、ユーザの行動パターンを解析し広告商品として販売しています。2012年に㈱ミクシィはユーザデータを基にした広告商品を大幅にリニューアルしました。コミュニティ数280万に達するmixiの広告商品がさらに改善された方法を公開します。

下田 倫大　*SHIMODA Norihiro*　norihiro.shimoda@gmail.com　TwitterID：@rindai87
㈱ミクシィ 技術部 研究開発グループ
木村 俊也　*KIMURA Shunya*　Kimura.shunya@gmail.com　TwitterID：@kimuras

はじめに

データマイニングを実サービスで活用する場合、さまざまなことを考慮する必要があります。たとえば、データをどのように集めるのか、利用できるマシンリソースはどの程度か、結果を使いやすい形で保持するにはどうすれば良いか、といったことが挙げられます。また、データマイニング手法を選定する際には、結果の精度以外に、オペレーション上求められる結果が得られることや、計算リソースと結果が算出されるまでの時間などを考慮することが重要となります。

大規模データを取り巻く環境

ここ数年でハードウェア、ソフトウェアは大きく進化を遂げ、大規模なデータを扱いやすくなりました。ハードウェアの進化という点では、ここ数年で大容量のメモリやSSD（*Solid State Drive*; フラッシュドライブ）を比較的安価に購入できるようになりました。大規模なデータを扱う際に最初に発生する問題として、データを読み込む（メモリ上に保存する）ことができないため肝心の解析処理ができないということが挙げられます。しかし、大容量のメモリを積んだマシンがあれば、解決できることが多いでしょう。筆者の経験ですが、64Gバイトのメモリを積んだWindows 64bitのデスクトップマシン上で統計解析ソフトウェアのR注1を

利用してmixiの友人関係のグラフ解析注2を行ったことがあります。データサイズは数十Gバイトでしたが、不都合なく解析処理をすることができました。ソフトウェアの進化という点では、Hadoop注3関連のプロダクトの登場と活用ノウハウが広まったことが挙げられます。㈱ミクシィ（以下ミクシィ）でも2011年ころからHadoopを本格的に導入し、データ解析の基盤として採用しています。Hadoopの登場により、大規模データの扱いは劇的に変化したと言えるでしょう。

本稿では大規模データマイニング事例として、2012年に行った広告商品（後述：インタレストターゲティング）のリプレース案件を題材にします。リプレース前後のシステムの話を通じて、ここ数年で大規模データを扱う環境が大きく変化していることや、データマイニング技術を実運用システムに組み込む際の勘所に触れていただければ幸いです。

注2）全ユーザの友人関係ではなく、特定の条件に合致した数百万オーダーのユーザのグラフ。
注3）URL http://hadoop.apache.org/

インタレストターゲティング

インタレストターゲティングとは広告商品の1つで、mixi内の情報からユーザのインタレスト（興味・関心）情報を取得し、その興味関心に合った広告をユーザに表示する、というターゲティング広告の一種です（図1）。

注1）http://www.r-project.org/

特集2 スキルアップのための マーケティング分析本格入門

この広告には次のような特徴があります。

- ユーザにとっては、自分に興味関心のある広告が表示される
- 広告主にとっては、内容に興味関心がありそうなユーザに絞って広告を表示できるので、通常のバナー広告よりも高い効果が見込まれる

このような広告商品としては、ほかにYahoo！ Japanのインタレストマッチ[注4]が有名です。インタレストターゲティングの特長として、インプレッション保証型の広告であるということが挙げられます。インプレッションとは広告が表示された回数を表す指標です。すなわち、インプレッション保証型の広告とは、一定期間内に広告が表示される回数を保証するという販売形態を表します。そのため、想定されるインプレッション数を事前に把握することは、営業オペレーション上重要な要素となります。

本稿では、2009年に開発した最初のシステムを旧インタレストターゲティング、2012年にリプレースのために新たに開発したシステムを新インタレストターゲティングと呼びます。以下では、まず旧インタレストターゲティグについて述べます。次に、旧インタレストターゲティングを実運用したときに生じた問題について取り上げます。最後に、旧インタレストターゲティングの抱えていた問題をどのように解決し、システムをリプレースしたのかを解説します。

旧インタレストターゲティング

旧インタレストターゲティングは2009年に作成・運用開始されたシステムです。ユーザのコミュニティへの参加情報を基にコミュニティ間の関連度（関係性の強さ）をスコアリングし、そのスコアを基にクラスタリングします。クラスタリングによりインタレスト情報の塊が結果として得られます。そのあと、作成されたインタレスト情報を

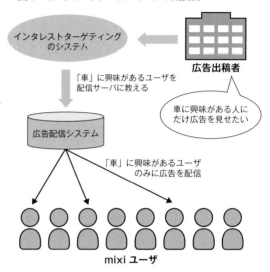

◆図1 インタレストターゲティングの概要図

とめあげることで、1つのターゲティング広告商品を作成します。

旧インタレストターゲティングのしくみ

旧インタレストターゲティングは次のような流れで実現されています。

① 「メンバーの参加コミュニティ」の作成
② コミュニティのクラスタリング
③ クラスタリング結果の複数のクラスタをまとめあげ（広告商品の作成）
④ インタレスト情報のユーザへの紐づけ
⑤ 配信対象ユーザのインタレスト情報の想定インプレッション数算出

■「メンバーの参加コミュニティ」の作成

インタレスト情報をクラスタリングするためには、事前にコミュニティ同士の関係性（関連度）を数値化しておく必要があります。インタレストターゲティングでは、コミュニティ間の関連度のスコアとしてメンバーの参加コミュニティで用いられているスコアを採用しています。

「メンバーの参加コミュニティ」は、「あるコミュニティに参加しているユーザが別に所属しているコミュニティ」の情報を利用します。具体的には、

注4） http://promotionalads.yahoo.co.jp/service/ydn/int/?o=JP0772

第2章
ターゲティング広告リプレースのポイントを公開
mixiにおける大規模データマイニング事例

ユーザを媒介にして、コミュニティ間の関連度を数値化します。基本的な考え方としては、程良い数のコミュニティに参加しているユーザはスコアを高くする、というものです。逆に、コミュニティへの参加が多過ぎるユーザはどんなコミュニティも関連付けてしまうため、ノイズであると判断しスコアを小さくします。同様に、コミュニティ参加数が少な過ぎるユーザはコミュニティ自体を積極的に利用していないため、情報として価値が少ないと判断しスコ

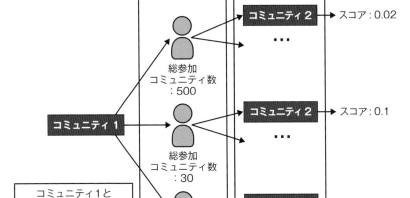

◆図2　メンバーの参加コミュニティのイメージ図

アを小さくする、という考え方です。図2にメンバーの参加コミュニティの概要図を示しました。図2は「程良い数のコミュニティ参加数」が30程度だと仮定した場合の例となっています。

さて、「あるコミュニティに所属しているユーザがまた別に所属しているコミュニティ」のようなデータを扱うためには少々工夫が必要になります。

- 「コミュニティIDから所属しているユーザ情報を取得するハッシュ」
- 「ユーザIDからそのユーザが所属しているコミュニティ情報を取得するハッシュ」

の2つを用意し、あらかじめメモリ上に保持したうえで必要に応じて該当するデータを扱う、というのが通常の流れです。しかしながら、mixiのコミュニティは2013年5月時点、約280万程度存在します。たいへん大きなデータであるために、上記のように「すべてをメモリに展開して処理する」ことは現実的ではありません。そこで、メンバーの参加コミュニティをはじめとするmixi内のデー

タマイニング処理には、TokyoCabinet[注5]というKVS（Key-Value Store）がよく利用されています。本稿の範囲外のため、KVSの詳細には踏み込みませんが、TokyoCabinetを利用すればすべての情報をメモリに保持しなくても高速にアクセスできるようになるため、とくにサイズの大きなデータの一部に対して頻繁にアクセスしたい場合にはたいへん重宝します。ここ数年で、その使い勝手の良さからKVSは普及が進んでいます。MongoDB[注6]、Redis[注7]など、数多くのシステムで積極的に採用されているプロダクトも出てきました。KVSはそれぞれに特徴があり、その特徴を熟知したうえで活用すると高い効果が発揮されます。

TokyoCabinetを利用すればすべて解決かというと、そうではありません。TokyoCabinetを利用して改善されるのは、大規模なデータの一部に対するアクセス性能のみです。前述のとおり、mixiのコミュニティは約280万程度存在します。愚直に処理を行った場合、すべてのコミュニティに対して、

注5）　http://fallabs.com/tokyocabinet/
注6）　http://www.mongodb.org/
注7）　http://redis.io/

特集2 スキルアップのための マーケティング分析本格入門

コミュニティの参加ユーザを取得し、そのユーザがほかに参加しているコミュニティ情報を取得し、関連度をスコアリングする必要があります。また、スコアリング結果について、DBに保存するという処理も必要です。それらすべてを考慮すると、毎回すべてのコミュニティに対して更新処理を行うと、現実的な時間で処理が完了しなくなり、

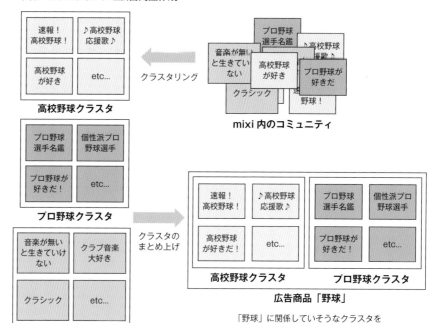

◆図3 クラスタリングと広告商品作成

「野球」に関係していそうなクラスタを人手でまとめあげて1つの広告商品を作成

サービスの提供が不可能になってしまいます。そこで、さらに更新対象データを減らす工夫が必要となります。工夫としては非常にシンプルで、コミュニティ参加者に一定以上の変動があったコミュニティのみを対象とする、というものです。つまりユーザの出入りが多く、スコアに大きな変動が見られそうなコミュニティのみを対象とする、という差分更新です。これにより、更新対象コミュニティを大幅に削減することが可能になります。このように、大規模なデータを扱う場合は、データマイニングのアルゴリズムそれ自体に加えて、アルゴリズムを実行する前後でもさまざまな工夫が必要です。

■ クラスタリング

クラスタリングはベーシックな階層的クラスタリングを採用しています。メンバーの参加コミュニティを利用してコミュニティ間のリンク構造を作成します。そのリンク構造をベースに階層的クラスタリングを実施し、インタレストごとの塊（クラスタ）クラスタを作成します。クラスタリングについて

は、WEB+DB PRESS Vol.59[注8]に詳細が記されていますので、詳しい説明はここでは割愛します。

クラスタリングを実施した結果、得られるクラスタは「高校野球」「プロ野球」などの、比較的具体的な概念レベルでのまとまりであることが確認されています。広告商品として成立させるためには一定の配信ボリュームを確保する必要があります。そこで、作成されたクラスタをさらに人手でまとめあげることで一定以上の配信ボリュームが見込める「広告商品」単位のまとまりを作成します。たとえば「高校野球」「プロ野球」といったクラスタをまとめあげ「野球」という広告商品を作成する、といった具合です。図3にコミュニティのクラスタリングから、広告商品作成までの流れを示しました。

■ 想定インプレッションの算出

事前に想定インプレッション数を算出できることが重要な要素の1つ、と前述しましたが、旧イ

注8）URL http://gihyo.jp/magazine/wdpress/archive/2010/vol59
WEB+DB PRESS 総集編 Vol.1〜84 のご案内 URL http://gihyo.jp/book/2015/978-4-7741-7538-6

ターゲティング広告リプレースのポイントを公開
mixiにおける大規模データマイニング事例

ンタレストターゲティングのシステムは、インタレスト情報から広告商品を作成するまでの機能しか提供しておらず、想定インプレッション数の算出機能はありませんでした。そのため、広告配信サーバの機能を利用してインプレッション数を計測するというしくみになっていました。実際にはターゲティング対象のユーザのページにタグを埋め込んだ状態で1週間運用し、配信サーバに発生した広告リクエスト数を計測しました。その計測結果を基に計算し、広告商品の想定インプレッション数と決定していました。

● 旧インタレストターゲティングの問題点

このようにして実現されたインタレストターゲティングは、運用開始当初には非常に高いコンバージョン率を示し、人気の広告商品の1つとなりました。しかしながら、いくつかの問題点を抱えていたため、リリースから時間の経過とともに徐々に販売しにくい商品となっていきました。問題は大きく分けると次の2つとなります。

- 想定インプレッション数の算出に時間がかかる
- クラスタの更新が困難である

■ 想定インプレッション数の算出に時間がかかる

インタレストターゲティングはインプレッション保証型の広告のため、想定インプレッション数は広告の販売営業活動をするうえで重要な指標となります。前述のとおり、旧インタレストターゲティングでは想定インプレッションの計測に最低でも1週間かかるため、営業先でニーズが判明しても提案までのアクションがスピーディーにできず、機会損失につながっていました。

■ クラスタの更新が困難である

クラスタリング結果をさらに人手でまとめあげて広告商品を作成するという方式を採用した副作用です。クラスタリングの長所として、人の目では判断できない情報も含めて類似した情報をまとめてくれることがありますが、反対にどのようなクラスタが作成されるかは、そのときの入力データや設定したパラメータに依存します。日々変動するコミュニティの参加者を基にしたデータを利用しているため、クラスタリングを再実行すると、これまでと異なるクラスタが作成され、作成済みの実績ある広告商品が消滅してしまいます。このため、クラスタの更新はある時点で停止しており、最新のmixi内のインタレスト情報を完全に活用できていない状態でした。たとえば、ボリュームが増しているスマートフォンのクラスタは作られていません。つまり直近で話題になっているインタレスト情報に対応ができないため、大きな機会損失となっていました。図4にクラスタリングを再実行する際の問題を示しました。

新インタレストターゲティング

旧インタレストターゲティングが抱えている問題に対応するためにヒアリングを行ったところ、最も重要な要件として「できる限りアドホックに新しい広告商品が作成でき、またその想定インプレッションが高速に算出できるしくみ」があがりました。この要件に対応するため、広告商品作成プロセスからクラスタリングを失くすことと、Hadoopを利用した想定インプレッション算出のしくみを用意することに決めました。また、本件とほぼときを同じくして「メンバーの参加コミュニティ」をHadoop化しました。インタレストターゲティングのしくみと深く関わる部分ですので、以下では、まずmixiのデータ解析基盤について紹介します。次にメンバーの参加コミュニティのHadoop化について解説したうえで、最後に新インタレストターゲティングを取り上げます。

● mixi内のデータ解析環境について

ミクシィでは2011年ごろからHadoopを利用したデータ解析基盤を構築しています。Hadoop関連の中でも、とくにHiveQLというSQLライクなクエリによってHadoop（正確にはMapReduce）を操

◆図4　クラスタリング再実行が困難な理由

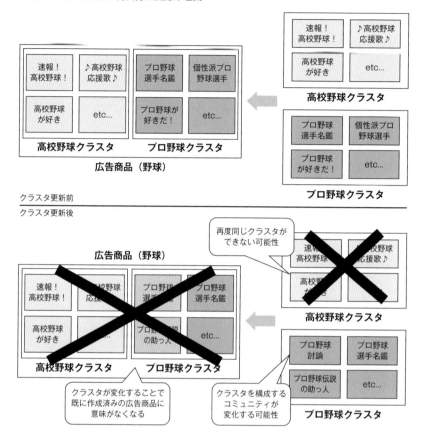

◆図5　mixiのデータ解析環境

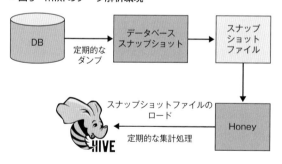

作するHive[注9]の導入を積極的に行っていました。また、Hiveを取り扱いやすくするための社内ツールとして

- データベーススナップショット
- データ解析ワークフローフレームワークHoney

注9）URL http://hive.apache.org/

の2つが開発／提供されています。図5にmixiでのデータ解析環境の概要を示しました。

■ データベーススナップショット

　データベーススナップショットは、ある時点でDBに保持されているデータをダンプするためのツールです。データベーススナップショットを導入する前は、ダンプ用スクリプトの作成とコードレビューをし、インフラ部門に対してDBの負荷相談を実施し、DB負荷の少ない時間を見計らってスクリプトを実行することで、ようやくデータを取得する心理的にも物理的にもコストがかかるという問題が発生していました。この問題を解決したのがデータベーススナップショットです。データベーススナップショットはコンフィグファイル形式でデータ取得ルールを記述します。リスト1

第2章 ターゲティング広告リプレースのポイントを公開
mixiにおける大規模データマイニング事例

◆リスト1　データベーススナップショットの設定例

```
MixiDBSimple:
    Database: "DB_COMMUNITY"              # データベース名
    Table:    "community_member"          # テーブル名
    Column:   "community_id,member_id"    # 取得するカラム名
    Format:   "CSV_Gz"                    # GZ圧縮したCSV (Comma Separated Values; カンマ区切り) ファイルで出力
    Schedule: "weekly"                    # 定期実行間隔
    ChunkKey: community_id                # 負荷軽減のため細切れにデータ取得するためのキー
    ChunkSize: 10000                      # 細切れにするレコード数。例だと1万レコードずつ
    SpeedControl: 100                     # こちらも負荷軽減のための実行速度を制限する設定
    Lifetime: "2weeks"                    # データの保持期限。例だと2週間分のデータを保持する
    AutoEncoding: off                     # エンコーディング処理をするかどうか
```

に設定例を記載しました。設定ファイルに従い、DBの負荷が低い夜半から早朝にかけてデータを取得してくれるというたいへん便利なツールです。これにより、データ取得にかかるコストが劇的に軽減され、従来よりも気軽にデータ解析に着手できるようになりました。

■ データ解析ワークフローフレームワーク Honey

Honeyはmixiのデータ解析環境に特化したワークフローフレームワークです。詳細はエンジニアブログ[注10]に記載されていますので、本稿では簡単に利点について述べます。Honeyでは、データベーススナップショットで取得されたデータの取り込み、集計処理の実行、といったHiveを利用する定型的な処理をPerlのコード上で実現できます。社内のコード資産の大半がPerlであるため、定数などの情報がPerlのモジュール内にあることが多く、社内モジュールとHiveをシームレスにつなぐフレームワークとして重要な役割を占めています。

●「メンバーの参加コミュニティ」のHadoop化

旧インタレストターゲティングの項で説明した「メンバーの参加コミュニティ」ですが、上述のようにHadoopの環境が整ってきたことも合わせて、インタレストターゲティングのリプレースとほぼ同じタイミングでHadoop化しました。もともとの「メンバーの参加コミュニティ」はPerlスクリプト+TokyoCabinetで実装していましたが、それ

と同様のことをHiveとMahout[注11]で実現しています。MahoutはHadoop上で機械学習やデータマイニングの手法を実行することのできるライブラリ群です。クラスタリングやレコメンデーション、分類器など、一般的に用いられるアルゴリズムは一通り実装されています。HiveとMahoutの役割は次のとおりです。

- 「あるコミュニティに所属しているユーザが、また別に所属しているコミュニティ」に相当するデータ作成部分をHiveに任せる
- Hiveによって作成されたデータを用いて、コミュニティをレコメンドする部分はMahoutに任せる

■ Hiveによるデータ抽出

Hiveでは一定の範囲のコミュニティ数に所属しているユーザとそのコミュニティの一覧を抽出します。リスト2にHiveのクエリ例を示します。community_memberというテーブルにユーザのID(`member_id`)と所属しているコミュニティのID(`community_id`)が保存されていると仮定します。リスト2のHiveクエリを実行するとリスト3のような出力が得られます。1列目がユーザのID、2列目がコミュニティのIDを表しています。

このクエリにより、レコメンデーションにおいてノイズとなりそうな、コミュニティ参加数が非常に大きい(小さい)ユーザを取り除いたうえで、Mahoutに渡す形式でのデータ出力が行われます。

注10) URL http://alpha.mixi.co.jp/2012/11264/

注11) URL http://mahout.apache.org/

◆リスト2　Hiveクエリ例

```
-- 参加コミュニティ数が一定範囲のユーザに関して
-- ユーザID，コミュニティIDという形式で
-- データを抽出する
SELECT
  m2.member_id, m2.community_id
FROM(
    -- mの中でコミュニティ参加数が一定範囲のユーザのIDだけ抽出
    SELECT
        m.member_id
    FROM(
        -- mはあるユーザがどれだけのコミュニティに所属しているかの情報
        SELECT
            member_id, count(*) as join_num
        FROM
            community_member
        GROUP BY
            member_id) m
    WHERE
        ${LOWER_COMMUNIYT_NUM} <= m.join_num
            AND
        m.join_num <= ${UPPER_COMMUNITY_NUM} ) m1

    -- 元のコミュニティとjoinすることで条件に合致するユーザのみ取得される
    JOIN
        community_member m2
            ON
                m1.member_id = m2.member_id;
```

◆リスト3　Hive出力例

```
1 2
1 3
2 3
2 4
...
```

◆リスト4　Mahoutの実行例

```
hadoop jar
    # JARファイルへのパス
    /path/to/mahout-jar/mahout-distribution-0.7/mahout-core-0.7-job.jar
    # レコメンデーションで利用するパッケージ
    org.apache.mahout.cf.taste.hadoop.similarlity.item.ItemSimilarityJob
    # mahout実行時のmap.tasksの値
    -Dmapred.map.tasks=40
    # mahout実行時のreduce.tasksの値
    -Dmapred.reduce.tasks=20
    # 入力データの場所
    -i /path/to/input
    # 出力結果を保存する場所
    -o /path/to/output
    # レコメンドするコミュニティ数
    -m 100
    # 利用する類似度（この例では対数尤度）
    -s SIMILARITY_LOGLIKELIHOOD
    # 類似度にtanimoto係数、対数尤度を利用する場合は必要
    --booleanData true
```

◆リスト5　Mahoutのレコメンデーション結果出力例

```
1 2 0.1
1 3 0.3
2 5 0.2
...
```

■ Mahoutによる関連コミュニティの作成

　Hiveで作成したデータを基にMahoutでコミュニティに対するコミュニティのレコメンデーションを実行します。Mahoutの実行例をリスト4に記載します。Mahoutを実行するには、Hadoopの実行可能な環境でMahoutのJARファイル（Java Archive）を作成しそれを利用する方法や、Mahoutが同梱されているCloudera社[注12]によるHadoopディストリビューションのCDH[注13]を利用するのも1つの手です。なお、本稿では、Mahout0.7のJARファイルを利用する方式を例として記載しています。Mahoutを実行すると、リスト5のような結果が出力されます。1列目が対象のコミュニティのID、2列目が関連するコミュニティのID、3列目が関連度のスコアを表しています。このようにして、各コミュニティ間の関連度のスコアを作成で

注12) URL http://www.cloudera.co.jp/

注13) URL http://www.cloudera.co.jp/products-services/productservices_cdh.html

きます。

レコメンドに用いる類似度にはさまざまな選択肢がありますが、今回のようにコミュニティに所属しているかどうか、という2値の情報を扱う場合は、類似度としてtanimoto係数や対数尤度（ゆうど）を採用すると簡単にレコメンド結果を作成できます。なお、レコメンドの類似度の選択や、Hadoop自体のチューニングによって、Mahoutは精度／速度の性能が大きく左右されますので重要な点ですが、本稿の範囲外ということで割愛させていただきます。

いかがでしょうか？「工夫を重ねて」関連コミュニティを作成していたときと比べて、Hadoop（Hive／Mahout）に処理を任せる、というシステムになっています。すでにHadoop環境があることが前提ですが、簡単に「メンバーの参加コミュニティ」を実現できました。Mahout化を採用する大きな理由としては手軽さもありますが、実務上の大きな理由としてはメンテナンス性が挙げられます。一般的に、データマイニングのアルゴリズムの実装は、実装者の流儀が色濃く反映されます。そのため、実装者以外がメンテナンスできないという状態になり、しばしば「ブラックボックス化」が起こります。その点、オープンソースであるMahoutの実装はオープンであり、かつ世界中の開発者がメンテナンスしているため、継続的に機能の改善やバグ潰しが行われるという安心感があります。一方で、採用したデータマイニング手法がまだMahoutには実装されていなかったり、実装方法が洗練されておらず本稿で取り扱ったレコメンデーションのように手軽には利用できない場合もあります。そのためミクシィでは、基本方針としてサービスにデータマイニングを活用する場合は、まず少ないデータ量を簡単なスクリプトで性能評価します。そのあと、同様のアルゴリズムがMahoutにある場合は、大規模なデータを用いMahoutの性能評価をし、最終的な手法を選択します。

新しい広告商品作成方式

さて、本題のインタレストターゲティングに戻ります。新インタレストターゲティングでは、クラスタリングでコミュニティのまとまりを作るのではなく、オペレータがインタレスト情報の「種」となるコミュニティを選択し、そのコミュニティと関連度の高いコミュニティを集めることで広告商品を作成する、という方式に変更しました。ここで利用する関連度は「メンバーの参加コミュニティ」で使われているコミュニティ間の関連度です。新方式では、広告商品はクラスタに紐づくのではなくコミュニティに直接紐づくため、コミュニティの追加と削除が容易となります。クラスタリングというある種ブラックボックスとなっていた部分の結果に依存することなく、柔軟に広告商品を作成できるようになりました。クラスタリングで用いていた情報と同様の情報を利用しているため、新方式で精度が大きく劣ることはないだろう、と考えました。一方で、人手が介入する部分が増えたため、オペレータの負担は増加します。この問題については、スコアの表示順の工夫や、コミュニティを一括で登録するしくみを提供するなど、管理ツールのUI部分で吸収し解決を図りました。図6に新しい広告商品作成方式の概要を示しました。

余談ですが、筆者の経験上、オペレーションの自動化と人手が介入する部分はトレードオフの関係となる場合が多く、そのバランスをうまくとることが、実サービスにデータマイニングを組み込む際の勘所になると思います。微調整は人間のほうが得意ですので、必要以上に自動化して人手が介入する余地をなくすことで、かえってオペレーションを阻害してしまう場合もあります。

新・想定インプレッションの算出

想定インプレッションの算出もHiveを利用することで実現しています。mixi内のアクセスログは、前述のHoneyを利用して定期的にHiveに取り込まれています。ここで、旧インタレストターゲティングの想定インプレッション算出方法を思い出していただきたいのですが、ターゲティング対象のユーザにどれくらい広告を表示できたかは、ユーザのページにタグを埋め込み、広告配信サーバ側で計測して実現していました。新インタレストターゲティングの想定インプレッション算出は、

Hive上でアクセスログのデータを利用して実現しよう、というものです。広告が表示されるページにターゲティング対象のユーザがどれくらい訪れたのかを算出します。日に数億オーダーのアクセスログを取り扱うので非常に大規模なデータを扱うことになり、ここでもHiveの威力が発揮されます。

想定インプレッション数を算出するための処理は大きく分けると、定期的にアクセスログを前処理して扱いやすい形式に変換しておくことと、特定のインタレストに対するインプレッション数を算出することの2つになります。

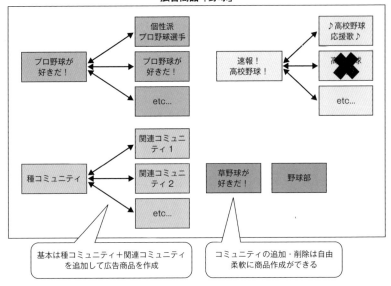

◆図6　新インタレストターゲティングでの広告商品作成方式

■ 定期実行の前処理

アクセスログを利用して、インタレストターゲティングの広告を表示するページごとのPV（ページビュー）注14を、ユーザ、デバイスごとにまとめて集計をします。1日に一度集計処理を走らせ、直近7日分の情報を保持しています。

■ 特定のインタレストに対するインプレッション数算出

インタレストターゲティングでは管理ツールを提供しています。その管理ツール上で作成した広告商品に関して、想定インプレッション数の算出作業ができるように作成しました。処理の流れは次のようになっています。

(1) 管理ツールから、あるインタレスト情報を利用した広告商品の想定インプレッション算出ボタンをオペレータが押す。これにより算出対象フラグが立つ

(2) 定期実行バッチにより、想定インプレッション算出対象となっている広告商品を取得して、集計処理を実行するHiveクエリを実行する

(3) 集計結果はDBに保存し、管理画面から確認できる

想定インプレッション算出対象の広告商品の取得、集計用のHiveクエリの実行、Hiveによる集計結果を受け取りDBへ保存する部分はすべてHoneyが受け持っています。図7にフローの概要図を示しました。最終的に、広告商品作成から想定インプレッション算出までおおむね1時間以内に完了するようになりました。このようにして、旧インタレストターゲティングと比較して、アドホックかつスピーディーにインタレスト情報ベースの広告商品を作成／管理できるシステムを実現できました。

● 効果について

今回のリプレースの主目的はオペレーションの改善であったため、ターゲティングを行わないことに比べて効果があり、旧システムより効果が下がらないということが1つの基準でした。広告主の方々にご協力いただき、いくつかのキャンペーンで、ターゲティングなし、旧インタレストターゲ

注14）ページの表示回数。

◆図7　管理ツールからの想定インプレッション算出

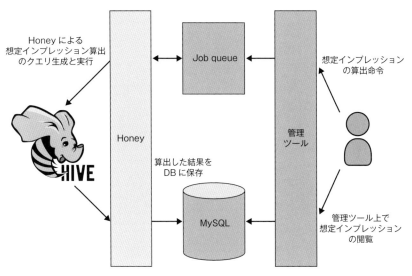

ティング、新インタレストターゲティングを同時に配信して効果を検証しました。結果の詳細を本稿に掲載することはできませんが、ターゲティングという点で性能劣化は確認できず、むしろキャンペーンによっては高い効果を示すものも確認されました。これは、柔軟に広告商品を作成できるようになったため、確実にターゲットユーザ層にリーチできるようになったためだと考えられます。

オペレーションの改善、メンテナンス性の向上などを考慮し、無事にシステムリリースに至りました。2013年2月より完全に新インタレストターゲティングでの配信に切り替えられています。システムリニューアルの宣伝効果に加えて、柔軟にインタレスト情報を作成しターゲティングできるという点で、広告主の方々からはたいへんご好評をいただいているそうです。

アドテクノロジーと大規模データ

大規模データを扱う環境はここ数年で大きく変化を遂げてきました。数年前に比べて格段に大規模データを対象としたデータマイニングやデータ解析に取り組みやすくなっていますが、小さなデータセットを扱うように手軽に解析することはできません。データマイニングやデータ解析の知識や技術はもちろんのことながら、データを効率的に取得／保存し、必要に応じて整形するエンジニアリング力も必要とされます。ツールやライブラリに任せられることは任せ、より本質的な部分でデータと向き合いデータから価値を見いだすことが、大規模データの解析に携わる人たちに必要とされる時代になりつつあると感じています。

筆者は、本稿で紹介したインタレストターゲティングを通じて、広告データを扱うことのおもしろさに触れました。一般的にWeb広告では大きなデータを扱うことが多く、とくに最近では「アドテクノロジー」「デジタルマーケティング」の文脈で、データドリブン（データ解析などで得られた結果を基に展開する）広告／マーケティングの重要性が謳われはじめています。これまで以上にデータ解析の重要性が認知されつつあり、データ解析者の活躍の場が一気に広がることが期待されます。また、2013年3月には、ミクシィがVantage注15というDSP（*Demand Side Platform*）をリリースし、アドテクノロジー業界に参入しました（アドテクノロジーに関しては、WEB+DB PRESS Vol.70注16の特集にて詳しく書かれています）。これまで得た知見を活かし、大規模データを活用してVantageのサービス品質の向上に貢献していきたいと考えています。

大規模データ処理技術の変遷

初版からはや3年が経過して、大規模データ処理を取り巻く環境はかなり大きく変化したと言えます。データを集めて分析を行い、その結果を事業に活用していくことは一般的になりました。

注15）URL　http://vntg.jp/
注16）URL　http://gihyo.jp/magazine/wdpress/archive/2012/vol70

当時は、Hadoopなどのオープンソースの大規模データ処理系を利用することそのものが非常に目新しいものとして取り上げられていましたが、いまではごくごく当たり前になっています。むしろ、業界・業種によっては最低限やるべきことの1つとして、必須項目に近い扱いとすらなりはじめています。それと並行するように、大規模データ処理に関する技術は大きく進化しました。初版執筆当時はちょうどHadoopの有用性が広まることでWeb系企業を中心にHadoopの普及が進み、大規模データ処理といえばHadoop一色となっていました。しかし、その後データ分析に対するニーズが多様化・高度化する中で、さまざまなプロダクトやサービスが登場してきました。Hadoopに含まれる分散処理系であるMapReduceは分散処理系として一時代を築きましたが、アドホックなトライアンドエラーの処理や、機械学習を行う上での繰り返し処理（ループ処理）が苦手であるという欠点を抱えていました。このような背景から、その後さまざまな技術やプロダクトが登場してきました。

一方、あらためて記事を読み返しましたが、データ分析の結果をアプリケーションやサービスに活用していく、という観点から見ると、エッセンスとしては色褪せていない内容だと思います。そこで、改訂版への追記としては、大規模データ処理を取り巻く要素技術の構成技術に関する変遷を中心に話を進めようと思います。

● データを活用するアプリケーション作成の流れ

改めて（大規模）データを活用したアプリケーションの構成要素と現在だとどのような選択肢があるか見てみましょう。大きく分けると「生データからのデータ加工」と「分析処理」の2つの工程に分かれます。

● 1. 生データからのデータ加工

前処理と呼ばれることが多いですが、より汎用的な用語としてはETL（*Extract*：抽出、*Transform*：変換、*Load*：読み込み）処理と呼ばれているものです。「データ分析作業の8割は前処理」と言われるほどかかる時間としては比率が高く、重要な処理となります。記事中では、Hadoop/Hiveが担っていた部分となります。

Hadoop上に溜まっているデータをSQLライクなインターフェースで操作できるHiveは、非エンジニアも気軽に大規模なデータの分析ができるようになるため、選択肢として非常に魅力的でした。実際、今でもHiveは非常に多くの企業で利用されています。HiveはインターフェースこそSQLですが、裏側ではMapReduceが動いてしまうため、1回の処理にかかるオーバーヘッドが大きいという特徴があります。データ分析の有用性が広まるにつれ、大規模データに対しても従来のRDBで行っていたようなアドホックな処理へのニーズが高まりましたが、Hiveではそのニーズは満たすことはできません。

同様の課題はMapReduceを生み出したGoogleでも起きていたようで、SQLライクなインターフェースを持ち、アドホックな処理に耐えうるシステムとしてDremel[注17]が発表されました。この発表にインスパイアされた各企業や組織が、同種のコンセプトを持った、あるいはDremelのオープンソース版を積極的に生み出していくこととなります。一般的には、MPP（*Massive Parallel Process*：大規模並列処理）のSQLクエリエンジンと呼ばれる領域です。Hadoopのようにスケーラビリティを持ちつつ、MapReduceとは異なる処理系により、MapReduceでは達成できなかった大規模データに対するアドホックな処理を実現しようというものです。

ここからは、MPPのSQLクエリエンジンとしてどのようなものが登場してきたのか見ていきましょう。誌面の都合上、個別のプロダクトの詳細な説明は割愛し、理解の手助けとなるリンクや書籍などを紹介することで変えさせていただきます。

■ Impala

Hadoopのディストリビューターである Cloudera社が中心となって開発されてるImpala[注18]はいち早くにこの領域に参入しました。

注17) URL http://research.google.com/pubs/pub36632.html
注18) URL http://impala.io/

第2章
ターゲティング広告リプレースのポイントを公開
mixiにおける大規模データマイニング事例

SQLライクに大規模データを操作すると言えばHive、となっていた当時、そのパフォーマンスには大きな衝撃が走ったことは記憶に新しいです。オープンソースではあるものの、Cloudera社が強力に開発をリードし、またマーケティング活動も成功したため一気に普及しました。

次はいずれもCloudera社の記事になります。Impalaの雰囲気を掴むにはちょうどよい参考記事となりますので、是非ご参照ください。

- Cloudera Impala：Apache Hadoopで実現する、真のリアルタイムクエリ
  URL http://www.cloudera.co.jp/blog/cloudera-impala-real-time-queries-in-apache-hadoop-for-real.html
- ImpalaとHiveの戦略について
  URL http://www.cloudera.co.jp/blog/20140107-impala-v-hive.html

Presto

Impalaと時期を前後して登場してきたのがPresto[注19]です。Hiveのヘビーユーザとして知られていたFacebookが、よりアドホックな処理を追い求めて独自開発したクエリエンジンをオープンソース化したものが始まりとなるものです。ユーザ企業がオープンソース化したプロダクトのため、当初どこまで普及が進みどのようにサポートされていくのか見通しが不透明であり、採用を検討をしにくいプロダクトでしたが、2015年にはTeradata社がPrestoのエンタープライズサポートを開始[注20]したことで、Impalaと同じく積極的に利用しやすくなりました。

Impalaと同じく、Prestoの成り立ちや雰囲気を掴むための参考記事を次に示します。

- Presto: Interacting with petabytes of data at Facebook
  URL https://www.facebook.com/notes/facebook-engineering/presto-interacting-with-petabytes-of-data-at-facebook/10151786197628920/
- Facebook、分散SQLエンジン「Presto」公開。大規模データをMapReduce/Hiveの10倍効率よく処理すると
  URL http://www.publickey1.jp/blog/13/facebooksqlprestomapreducehive10.html
- 『Prestoとは何か，Prestoで何ができるか』
  URL http://blog-jp.treasuredata.com/entry/2014/07/10/150250

Drill

Drill[注21]はImpala、Prestoよりは少々遅れて登場しましたが、Cloudera社と同じくHadoopのディストリビュータであるMapR社が中心になって開発されています。後発ではありますが、2014年にApache Software Foudationでのトップレベルのプロジェクトとなった[注22]ため、現在では非常に精力的に開発が進んでおり、先行していたImpalaやPrestoと遜色のないくらいの完成度となりつつあり、今後、活用事例がどんどん登場してくることが予想されます。

Google BigQuery

GoogleのクラウドサービスであるBigQuery[注23]は、上述したDremelの外部公開向けのサービスと言われています。クラウド上のストレージにデータを保持することに加え、比較的安価に大規模データを処理できることから大きく普及しています。

Spark

Spark[注24]はこれまで述べてきたプロダクトとはやや趣が異なるものです。MapReduceのように汎用的な大規模データの処理系として、MapReduceが苦手としていた繰り返し処理やアドホック処理への対応を念頭に置いて始まったプロダクトとなります。

注19) URL https://prestodb.io/
注20) URL http://jpn.teradata.jp/press/2015/20150624_3.html
注21) URL https://drill.apache.org/
注22) URL https://drill.apache.org/blog/2014/12/02/drill-top-level-project//
注23) URL https://cloud.google.com/bigquery/docs/
注24) URL http://spark.apache.org/

カリフォルニア大学バークレイ校のAMPLab[注25]のプロジェクトとして2009年にスタートしたSparkは、2010年ごろにオープンソース化され、2013年にはApache Software Foundation（ASF）に寄贈され「Apache Spark」となります。データ分析に関わる種々のタスクをうまく取り扱えるように設計されたAPIやエコシステムによって、Sparkは大きく普及しています。

Sparkと上述のプロダクトの関係としては、Spark自身がSQLのインターフェースを提供するSparkSQL[注26]やHiveの実行エンジンをSparkにしてアドホックな処理にも対応可能にしようというHive on Spark[注27]という取り組みなどが挙げられます。

2. 分析処理

アプリケーション側から求められる要求を満たす分析処理を実行するエンジン部分です。作業工数的に8割は前処理に当てられるかもしれませんが、工数的に残り2割と言われる分析処理そのものが、分析の価値全てを占めているとも言える非常に重要なポイントです。分析処理は、アルゴリズムの選択やチューニングなど、さまざまな要素が求められます。記事ではMahoutが担っていた部分となります。

MahoutはHadoop上で動作する機械学習のライブラリでした。すなわち、MapReduceで動作することが大前提となっているライブラリです。機械学習のアルゴリズムはある目的関数を最大化／最小化させる処理を行う必要があり、そのため、必然的にループ処理が多数発生します。前述のとおり、ループ処理はMapReduceが苦手とする処理であり、また機械学習処理はパラメータのチューニングのために、学習処理として複数のパラメータをトライアンドエラー的に試すことが必須となります。そのため、Mahoutを利用するしないに関わらず、Hadoop上で機械学習を行うというのは少々敷居が高いものとなっていました。

しかし、上述のSparkという新しい分散処理系のパラダイムが出てきたことにより、この流れが一変しました。MapReduceに対するMahoutのように、SparkにはMLlib[注28]という機械学習のライブラリがあり、こちらはMahoutが抱えていたような速度面の問題が解消されています。

そのため、気軽にかつ本格的に大規模データに対して機械学習を適用できるようになってきました。

Sparkは、データサイエンティストがよく使うプログラミング言語であるPythonやRに対するAPIも提供しているため、非エンジニアに対しての敷居もかなり低いものとなっています。まだSparkが大規模データ分析処理系の決定打となるかどうかは分かりませんが、筆者はエンジニアとデータサイエンティストが共存できるプラットフォームとして設計されているSparkについては、大きな魅力を感じています。

Sparkに関しては、Sparkを積極的に利用している方々が執筆した「詳細 Apache Spark」[注29]という書籍に、筆者も共同執筆者として加わらせていただきました。よろしければ手に取ってみてください。

おわりに

大規模データ分析を取り巻く環境はこの3年で大きく様変わりしました。今回取り上げた要素技術に関しても、あくまで現時点で普及している代表的なものを取り上げたにすぎません。より一層データ分析へのニーズが増すことによって、さらに新しい技術やプロダクトが登場してくることが予想されます。

Hadoop一色だった時期と比較して、自分達がデータ分析によって解決したい課題を明確にし、その技術やプロダクトについての知識や経験を取り入れていくことが大事な時代となってきているな、と改めて感じます。

注25) URL https://amplab.cs.berkeley.edu/
注26) URL http://spark.apache.org/sql/
注27) URL https://cwiki.apache.org/confluence/display/Hive/Hive+on+Spark%3A+Getting+Started
注28) URL http://spark.apache.org/mllib/
注29) 詳解 Apache Spark／下田倫大、師岡一成、今井雄太、石川有、田中裕一、小宮篤史、加嵜長門 著／技術評論社／2016年 URL http://gihyo.jp/book/2016/978-4-7741-8124-0

特集2 マーケティング分析本格入門

第3章

マーケティングに役立つ
ソーシャルメディア
ネットワーク分析

ソーシャルメディアの登場によって、人のネットワークのデータが大量に保存されるようになり、定量的なソーシャルネットワーク分析が可能になってきました。ここでは、マーケティングに応用可能なソーシャルネットワーク分析の基礎を解説します。

大成 弘子 *ONARI Hiroko* cats@wg7.so-net.ne.jp TwitterID：@millionsmile

はじめに〜ソーシャルネットワーク分析とは

「ソーシャルネットワーク分析」とは、Facebook、mixi、LinkedIn、Twitterといったソーシャルメディアが持つ、ネットワークのデータを使って人間関係の特徴や傾向などを分析することです。

古くは社会学で「社会的ネットワーク分析」という言葉で人間関係の研究が行われてきました。社会学では、おもにはエゴセントリックネットワーク（1人の人物を中心としたネットワーク）を扱った研究が行われています。社会学より後には、数学分野でオイラーが「グラフ理論」を確立し、「ネットワーク理論」が登場します。そして、1990年代後半になると、物理学者による統計物理学的な手法を用いたネットワーク分析が行われるようになりました。物理学者によるネットワーク研究は「複雑系[注1]」の研究分野であったこともあり「複雑ネットワーク」と呼ばれていました。最近では、コンピュータサイエンス、生物学、経済学などさまざまな学問領域と融合し進化を遂げていることもあり、「ネットワークサイエンス」と呼ばれるようになっています。

「ソーシャルネットワーク分析」が注目を集め始めたのはここ数年のことです。ソーシャルメディアによって、これまで存在しなかった人間関係のデータがインターネット上で蓄積されるように

なったことで新たな研究が期待されています。

とくにアカデミックの世界では、ソーシャルメディアのデータを使ったおもしろい論文が次々に出てきています[注2]。一方で、ビジネスの世界への応用はまだまだ進んでいません。ソーシャルメディアのデータを使った口コミ分析といったようなサービスは出てきているのですが、ソーシャルネットワーク分析とは異なります。ビジネスの世界で応用されるには、何かしら利益に結び付くことが必要なのですが、分析全般に言えることとして、分析結果が出たからといってすぐに利益が出るわけではありません。分析結果をふまえて、戦略を打ったり、経営判断に活かしたりするものですので、どうしても目立ちにくさはあります。

とはいえ、企業などに属するマーケターは、人がどういう行動の結果としてモノを買うのかを分析しています。ソーシャルネットワーク分析によって、あとで紹介する「人は似たもの同士つながりやすい」といった人間行動の指標が見えてくるため、興味を持つマーケターは多いと思います。

本章では、「ネットワークサイエンス」の立場から、おもにマーケターの方向けに、「ソーシャルネットワーク分析」の一手法を紹介していきます。

注1） 複雑系の定義はWikipedia参照。 URL http://ja.wikipedia.org/wiki/複雑系

注2） たとえば、ネットワークサイエンスの国際学会NetSci2013ではSocial Networksという発表枠があります。 URL http://netsci2013.net/ そのほか、インターネット研究の国際学会では最高峰のWWWでも2013年からはSocial Networksという専用のトラックができています。 URL http://www2013.org/

◆図1　ネットワーク図の例

◆図2　有向ネットワークと無向ネットワーク

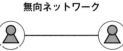

基本概念の定義

ソーシャルネットワーク分析の話をはじめる前に、いくつか重要なキーワードとなる用語の定義について説明します。

ノードとエッジ

ソーシャルネットワークの構成要素は、基本的には「人」と「人」の「つながり」です。「人」のことは「ノード」と呼び、「人と人のつながり」のことは「エッジ」と呼びます。このあとの計算式で、説明しやすくするために、それぞれ次のように定義します。

$v_i = i$ というインデックスのついた1ノード
$k_i = v_i$ が持つエッジ数

図1の6人のネットワーク図を定義した変数を使って説明すると、v_1（ノード1番）の k_1（エッジ数）は5になります。

ネットワークには方向がある!?

「つながり」には2種類あります。矢印のあるつながりと、矢印のないつながりです。図2を見てください。

矢印のあるつながりは「有向ネットワーク」といい、2者間の関係に矢印があります。一方、矢印のないつながりは「無向ネットワーク」といい、2者間の関係には矢印がありません。「有向ネットワーク」を持つ代表的なソーシャルメディアは、Twitter、Google+、YouTube、Flickrなどがあります。Twitterでは、フォロー、フォロワーという関係性があります。フォローは、自分から相手へ矢印が出ている状態であり、フォロワーは、相手から自分へ矢印が出ている状態です。

一方、「無向ネットワーク」の代表的なソーシャルサービスというとFacebook、mixi、Skype、LinkedInなどが挙げられます。Facebookでは友達申請したとき、相手が承認するまでは何ら関係性は存在しません[注3]。しかし、相手が承諾すると、2者間につながりができます。そこには矢印の関係性はなく、2者間がつながっているかどうかしかありません。

ネットワーク分析をしていく上で、この「有向ネットワーク」か「無向ネットワーク」を区別するのは大事なことです。なぜなら矢印の有無によって、ネットワーク指標の計算や定義が微妙に違ってくるからです。本章で説明するネットワークは、「無向ネットワーク」を前提にして話を進めます。

データ構造 〜エッジリストと隣接行列

ネットワークデータの持ち方はおもに2種類あります。1つは「エッジリスト」という、各ノードが持っているつながり（エッジ）のデータを集めたリストです。

もう1つは「隣接行列」です。行と列で全ノードを配置し、つながりがあれば1、つながりがなければ0といったように2値で表現します。具体的に図1のネットワーク図を使って、データを図3に表現します。

「エッジリスト」はつながりのあるデータのみを持ちます。ここでは無向ネットワークを前提にしているので、(1, 2) と (2, 1) は同じことになるためどちらか一方だけ書きます。「隣接行列」は6×6の

注3）　現在では、Facebookにもフォロー機能が追加されています。

◆図3 エッジリストと隣接行列で表現した図1のネットワーク構造

エッジリスト	隣接行列
1,2 1,3 1,4 1,5 1,6 3,5 3,6 4,5	$A = \begin{Bmatrix} 0 & 1 & 1 & 1 & 1 & 1 \\ 1 & 0 & 0 & 0 & 0 & 0 \\ 1 & 0 & 0 & 0 & 1 & 1 \\ 1 & 0 & 0 & 0 & 1 & 0 \\ 1 & 0 & 1 & 1 & 0 & 1 \\ 1 & 0 & 1 & 0 & 0 & 0 \end{Bmatrix}$

行列データにおきかえ、つながりがあれば1を、なければ0となっています。

ソーシャルネットワーク向きのデータの持ち方

どちらのデータの持ち方が良いでしょうか。ソーシャルネットワークを扱うのであれば、「エッジリスト」のほうがお勧めです。理由としては、ソーシャルネットワークは、データ規模が大きい割には、データがスパース（疎）になりやすいからです。

Facebookを例にすると、日本のFacebookユーザの平均友達数は53人で、友達数が100人以下のユーザは全体の91%を占めます。500人以上友達数を持つ割合は1%にも満たないことが調査されています[注4]。

仮に10000人分のソーシャルネットワークの調査をするときに、エッジリストならば、つながりのあるところだけをデータとして持てばよいのに対し、隣接行列では、10000×10000の行列データを持たなくてはいけません。そして、その10000人同士はほとんどつながっていないので、隣接行列のデータは0だらけになります。興味があるのはつながりのある1のデータなのですが、隣接行列はノード数×ノード数のデータを持つため、データを読み込むだけでも、あっという間にメモリを消費してしまいます。一般の企業が分析のために、超ハイスペックでメモリがたっぷりあるような解析環境を用意できることは少ないと思いますので、データ量がより小さくて済むエッジリストを参考にするほうが現実的でしょう。

ソーシャルネットワーク分析向きのRパッケージ

ところで、統計分析というと、フリーのプログラミング言語Rがあります。しばしば言われることとして、Rは行列データを使った計算は得意としますが、ループ処理をあまり得意としません。ソーシャルネットワークの計算では、1ノードずつ順番に計算することもあって、ループ処理を比較的多く使います。Rの苦手なループを使わず隣接行列で計算をしたいのですが、そうするとデータサイズが大きくなるというジレンマが出てきます。これを解決する方法としては、igraphというRのネットワーク分析用のパッケージを使うことをお勧めします。エッジリストでネットワークの計算ができます。ほかにもソーシャルネットワーク分析に特化したsnaというパッケージもあります。この辺については、わかりやすい解説本がでているので、参考にしてみてください[注5]。

ソーシャルネットワークの特徴量を計算

ここからは2つの代表的なソーシャルネットワークの特徴量の計算方法について紹介します。

クラスター係数で人間関係の密度がわかる

人間関係には密度があります。人口密度というと、単位面積あたりにどれだけ人が住んでいるかによって決まるので、人数が多いと密度が高くなります。しかし、ネットワークにおける密度は、友達が多いからといって密度が高くなるわけではありません。むしろ友達の数が多いと、密度は下がる傾向にあります。

人間関係の密度は、自分の友達の中で、友達と

[注4] 株式会社ガイアックスが2012年3月に実施した日本における『Facebookユーザの時間・シチュエーションなどに関する利用動向調査』レポートを参照。
URL http://www.gaiax.co.jp/jp/news/press_release/2012/0427.html

[注5] 『ネットワーク分析（Rで学ぶデータサイエンス 8）』／金明哲編、鈴木努著／共立出版／2009年／ISBN978-4320019287

◆図4　AさんとBさんのネットワーク図

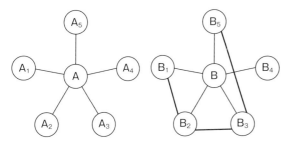

友達がどのくらい友達同士であるかの割合で決まります。このネットワークの密度を測る指標のことを「クラスター係数」と呼びます。自分と2人の友達がいるとき、3人が全員つながっていたらそこには「三角形」ができます。クラスター係数は、ネットワークの中で三角形がどのくらいあるのかを計算します。

■ クラスター係数を求める

それでは具体的に、5人の友達を持ったAさんとBさんの友達ネットワークを使ってクラスター係数を求めてみましょう（図4）。

ネットワークの真ん中にいるのがAさんとBさんで、それぞれの友達には1～5のインデックスが振られています。Aさんのネットワークには、友達同士がつながっている人がいませんので三角形の数は0です。一方、Bさんのネットワークでは、B_1とB_2、B_2とB_3、B_3とB_5とが友達同士ですので、三角形は、$B-B_1-B_2$、$B-B_2-B_3$、$B-B_3-B_5$の3つです。三角形が最大数できる場合は、友達の数k_i（k_i-1）／2で求められます。友達の数が5人（$k_i=5$）を持つAさんとBさんの場合、三角形の最大数は5（5-1）／2＝10とおりとなります。

クラスター係数C_iは、実際に存在する三角形の数を三角形の最大数で割ると求められますので、AさんとBさんのクラスター係数は以下のようになります。

Aさんのクラスター係数
$k_A=5$
$C_A=0／5(5-1)=0$

Bさんのクラスター係数
$k_B=5$
$C_B=3／5(5-1)=3／10=0.3$

クラスター係数は割合ですので、0から1の範囲に収まります。1に近い値ほど、密度の高いネットワークということを示します。Aさんのクラスター係数が0に対し、Bさんのクラスター係数は0.3ですので、Bさんのほうが人間関係の密度が高いネットワークを持っていることがわかります。

クラスター係数を計算するときは、三角形の数を数えることが前提にあるため、最低2人以上の友達がいる人を分析対象にすることに注意しなければなりません。友達が1人というのは、クラスター係数が計算できないというのもありますが、ソーシャルメディアにおいて、そういう人はサービスを使い始めたばかりだったり、まったく使っていない人だったりするため、分析対象としてはあまり精度がよくありません。事前に除外しても差し支えないでしょう。また、ソーシャルサービスはつながることで楽しみが増えるサービスであることを考えると、ある一定期間のアクティビティが高い人（たとえばログイン率が高いなど）を対象にデータを抽出すると、友達1人というユーザは除外されやすいです。

● ホモフィリー

ホモフィリーとは、似たもの同士が集まりやすい、類は友を呼ぶ傾向のことです。とくに人間関係の場合は、正の相関があると言われています。正の相関があるというのは、たとえば友達が多い人は友達の多い人と友達である、といったような関係性があることといいます。負の相関であれば、友達の多い人が友達の少ない人と友達である、という関係性になります。

「似ている」という切り口はさまざまです。同じような趣味を持っているとか、同じ仕事をしているとか、同じような考えを持っているなどいろいろあります。そのためホモフィリーの計測のしかたは、分析したい内容によってそれぞれあるでしょう。

■ ホモフィリーの計測方法

ホモフィリーを計測するシンプルな方法の1つとして、同じグループやカテゴリに属する人の割合をみる方法があります。たとえば、データサイエンティストグループとインフラエンジニアグループの2つのグループのデータを取得し、それぞれのグループで、友達がデータサイエンティストである割合を調べると、データサイエンティストグループの方がその割合は高くなるでしょう。これは職業というグループでわけた場合ですが、ほかにも、同じ商品を買うグループでわけたり、商品購入額グループでわけたりすることで、そのグループでどれだけ似たような人がいるかを観察すると、面白い発見があるかもしれません。

実際にホモフィリーを研究した有名な論文としては、M. E. J. Newman氏による「共著ネットワーク」があります。この論文では、「共著者の数」で観察をしており、「共著者が多い人は、共著者の多い人と共著論文を書いている傾向にある。」といった検証結果が書かれています。そのほか、最近の論文で、資本家ネットワークを調査したところ、超巨大企業は互いにつながっていることがわかりました注6。金持ちは金持ち同士つながって、互いに助けあっているようです。

■ レコメンデーションへ

マーケティングでは、似たような傾向を持つ人たちの集まりを活用する場面が多くありそうです。似たもの同士というのは、友達ネットワークだけとは限りません。たとえば、Aという映画を見る人は、似たような別のBという映画を見る傾向があるのではないか、ということを調べたりもします。Aという映画を見た人の中で似たものネットワークを作り、その中からBという映画を見た人の割合、Cという映画を見た人の割合を見ることで、Aという映画を観る人が好みそうな映画を探し出すことはできそうです注7。

ソーシャルネットワーク分析をマーケティングに活かしてみよう

冒頭でソーシャルネットワーク分析のビジネスへの応用は、まだまだ進んでいないと書きました。ここでは、ソーシャルネットワーク分析の手法をマーケティングに応用する例を紹介しますので、どのような方法で分析するのかを参考にしていただきたいと思います。

■ ECサイトの例

ここでは、ある架空のECサイトを例に、クラスター係数やホモフィリーといったネットワークのつながりの強さが、どれくらい購入に影響を与えるかを見てみます。

このECサイトではソーシャルメディアと連携しているため、そこからネットワークデータを取得できるとします。

今回対象を絞りこみたいのは、たくさん購入する層です。もし、高額購入者グループがソーシャルネットワークのつながりの強さに影響をうけているのであれば、このECサイトはよりソーシャルメディアへの広告に力を入れる必要があるかもしれません。

■ 被説明変数と説明変数の設定

表1は、高額購入者グループがソーシャルメディアから影響を受けているかを分析する際に設定する項目の例です。まず、被説明変数として、月5万円以上購入している人を「高額購入者グループ」に割り当て、月5万円未満の購入者を「通常購入者グループ」に分類します。変数としては、「高額購入者グループ」を1、「通常購入者グループ」を0と設定します。

次に、説明変数として、「年齢」「性別（女性を1、

注6) Stefania Vitali, James B. Glattfelder, Stefano Battiston, "The Network of Global Corporate Control", PLOS ONE, 6, e25995 (2011)
URL http://www.plosone.org/article/info%3Adoi%2F10.1371%2Fjournal.pone.0025995

注7) 実際に映画を見たという購買履歴をもとにネットワークを作り、そこからレコメンデーションエンジンを作っている「デクワス」という商品があります。この「デクワス」サイトにわかりやすい説明が書かれてあるので興味のある方は参照してください。
URL http://www.deqwas.com/service/technology.html

男性を0)」を設定します。これは、ECサイトでは、事前に会員登録してもらっているなどして情報を取得しているものとします。続いて、施策を検討するソーシャルメディアでの「友達の数」「クラスター係数」「ホモフィリー指標」も説明変数に加えます。

前節の繰り返しになりますが「クラスター係数」は、ソーシャルメディア内での人間関係の密度を示します。「ホモフィリー指標」については、ここでは友達の中で高額購入者グループに属する人がどのくらいいるかという割合とすることにします。

■ 分析手法の選択

この場合の分析手法としては、被説明変数が1（高額購入者グループ）か0（通常購入者グループ）の2値であり、ある購入者が1と0のどちらに発生しやすいかを求めたいので、2項ロジスティック回帰分析を使います。また、ロジスティック回帰分析ではオッズ比の計算ができます。オッズ比とは、説明変数ごとに「どのくらいの倍率で発生しうるか」を予測する計算のことです。オッズ比が1より大きい場合は、高額購入者グループに属しやすいとなり、1より小さいと通常購入者グループに属しやすいとなります。オッズ比が1の場合は、グループの属しやすさの確率が同じことを意味します。

具体的に今回のECサイトの分析結果をみてみます。表2のようになりました（表2は実際のデータではありません）。

■ 分析結果の見方

表2で、まずp値を見るといずれも0.001未満と小さい値であり、統計的に有意であると言えます。P値は、結果が偶然である確率のことです。P値が小さければ（慣例的に0.5以下であることが多い）、計算結果は偶然得られたとは考えにくいと判断します。

次にオッズ比を見ます。1以上のオッズ比は、「年齢」「性別」「クラスター係数」です。「年齢」が1歳上がると高額購入者グループに1.0009倍の割合で属しやすくなることを示しています。また「性別」では女性の方が男性に比べて1.0007倍高額購入者グループに属しやすく、「クラスター係数」も大きいほど高額購入者グループに属しやすいという結果になっています。

1以下のオッズ比は、「友達の数」と「ホモフィリー」です。こちらは「友達の数」が増えると0.0024倍高額購入者グループに属しやすいということですので、通常購入者グループに属しやすいと解釈します。「ホモフィリー」も同様に値が大きくなると、より通常購入者グループに属しやすくなります。ということは、高額購入者に分類されるグループは、「年齢はより高い方」「性別は女性」「友達の数が少ない」「ソーシャルメディアを利用している」「高額購入者のグループに属していない」という結果になります。

■ AUC

オッズ比をみることで、それぞれの説明変数の傾向がわかりましたが、ここで気になるのが、今回のロジスティック回帰分析の結果がどのくらいあてはまりが良いのか、ということです。分析結果のあてはまりの良さを知ることで、何に注力して戦略を立てれば良いかが、より決めやすくなります。前節ではオッズ比によって、説明変数ごとの高額購入者グループへの属しやすさはわかった

◆表1 説明変数

個人情報	年齢	
	性別	女性：1、男性：0
ネットワーク情報	友達の数	
	クラスター係数	
	ホモフィリー指標	高額購入者グループに所属する割合

◆表2 ロジスティック回帰分析の結果（例）

説明変数	オッズ比	p値
年齢	1.0009	0.001未満
性別	1.0007	0.001未満
友達の数	0.0024	0.001未満
クラスター係数	1.0027	0.001未満
ホモフィリー	0.0000005	0.001未満

ものの、各説明変数の分析結果がどのくらい購入に影響を与えているのかがあいまいです。あてはまりの良い分析結果を知ることができれば、その分析結果についてより詳細を調べてみることができますし、またすべての説明変数に対して詳細を調査する手間を省くといった判断もしやすいです。ただ、マーケティングにおいては、分析結果に対するビジネス的な解釈のほうが意味を持つことが多いので、毎度あてはまりの良さまで確認する必要がないことも多いでしょう。ですので、ここではマーケティングへの応用例の1つとして参考にしてもらえればと思います。

分析結果のあてはまりの良さを調べる方法として、AUC（*the area under the receiver operating chaarcteristic curve*：ROC曲線下面積）があります。AUCは識別器の性能を評価するもので、AUCを求めるにはROC曲線を求める必要があります。ROC曲線とは、偽を真と判断してしまう「偽陽性の割合」と、真を正しく真と判断した「真陽性の割合」をグラフにしたものになります。描画イメージは図5です。横軸が偽陽性の割合で、縦軸が真陽性の割合になります。これはよく医療で使われるもので、たとえば、偽陽性というと本当は病気なのに健康だと判断してしまうことであり、真陽性であれば健康な人を健康であると判断するようなことになります。

この偽と真の分類が完全にランダムである場合、ROC曲線は図5のCのように左上から右下へ直線が引かれます。このときAUCは0.5になります。一方、完全に偽と真が識別されていれば、ROC曲線は図5のAのように左上の位置に描画されます。このときAUCは1に近くなります。AUCはROC曲線の右下の面積を計測するため、ROC曲線下面積といいます。AUCは0.5〜1.0の間で値をとり、1に近い値ほど分類の性能が良いとみます。

今回の例であれば、年齢、性別、友だちの数、クラスター係数、ホモフィリー指標の予測値をあるしきい値で区切り、しきい値以上のグループを高額購入者グループ、しきい値未満のグループを通常購入者グループと分けます。そして、高額購入者グループの中に正しく高額購入者である人の

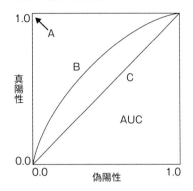

◆図5　AUCの考え方

◆表3　AUCの結果（例）

説明変数	オッズ比	AUC
年齢	1.0009	0.551
性別	1.0007	0.545
友達の数	0.0024	0.532
クラスター係数	1.0027	0.888
ホモフィリー指標	0.0000005	0.762

割合（真陽性）と、通常購入者グループなのに間違って高額購入者であると判断されてしまった人の割合（偽陽性）を求めます。しきい値によって、この真陽性と偽陽性の割合が変動するため、いくつかしきい値を変えることで、全体でみたときにデータの当てはまりがよいのかがみえてきます。このしきい値を変えて求めた真陽性割合と偽陽性割合を描画することでROC曲線を確認することができます。そして、ROC曲線より下の面積を求めることで、AUCも求めることができます（表3）。

5つの変数のなかで最もAUCが高いのは「クラスター係数」の0.888で、次にAUCが高いのは「ホモフィリー指標」の0.762です。ほかの「年齢」「性別」「友達の数」は0.5を少し上回っている程度です。0.5に近い値ということは、識別性能があまり高くない（ランダムである）ということになります。ですので、ここでは1に近い値を持つ「クラスター係数」と「ホモフィリー指標」の2つに注目して、マーケティング戦略を立てると良いかもしれません。マーケティング担当者であれば、たとえば、「友達の数」が多い人よりも、「クラスター係数」が高く、「ホモフィリー指標」が低いグループに広告を打つと売上が上がるかもしれない、といったことを考えることができます。

◆リスト1　glmを利用した2項ロジスティック回帰の例

```
glm(y ~ x, data, family="binomial")
```

　ここで扱った一連の分析はRを使って計算できます。2項ロジスティック回帰分析をする場合は、一般化線形モデルの計算をするときに利用するRのパッケージであるglmを使います。コードは、リスト1のようになります。

　「y」は被説明変数の値で、今回であれば、高額購入者（1）か、通常購入者（0）かというデータになります。また、「x」は説明変数です。今回は、年齢、性別、友達の数、クラスター係数、ホモフィリー指標を指しますので、説明変数は5つになります。単回帰分析をするならば、説明変数をそれぞれ1つずつ行いますが、重回帰分析をするならば、説明変数をまとめてglmにかけて計算すればよいでしょう。AUCの計算をするRのパッケージは、caTools、ROCR、Epiなどたくさんあります。ただし、パッケージによって計算の方法が異なり、出力結果が異なることもあります。分析したい内容にあわせ、複数のパッケージで比較することや、可能であればコードを読む必要もあるでしょう。

おわりに

　以上がマーケティングに使えるソーシャルネットワーク分析になります。今回は一例でしたが、「クラスター係数」や「ホモフィリー」を1つの説明変数として使うことで、いろんな分析ができそうです。読者のみなさんも身近なデータを使って試してみてはどうでしょうか。

特別記事

リアルタイムログ収集でログ解析をスマートに
Fluentd入門

ログを解析するには、まずログの収集をすることが前提にあります。Fluentdはこれまでのログ収集ツールが解決できなかった問題をクリアにしたため、多くのユーザを獲得しています。本章では、Fluentdの導入方法から便利なプラグイン、運用方法まで解説します。

Supership株式会社
奥野 晃裕 OKUNO Akihiro　Twitter：@choplin

Fluentdとは?

読者のみなさんはFluentdというソフトウェアをご存じでしょうか？ 一言でいえば、ログの回収をストリーミングで行ってくれるツールです。さまざまなデータソースからFluentdへとログを送り込めば、Fluentdが即座にリモートサーバのFluentdに送信します。リモートサーバのFluentdからはファイルはもちろん、データベースやAmazon Web Services（AWS）のS3といったさまざまな行き先にログを出力することができます。Fluentdではこの入力から出力までの処理を常時実行しているため、Fluentdでいったんシステムを構築したあとは、ログは入り口から出口までを常に流れ続ける、つまりストリームとして運ばれることになります。

なぜFluentdが必要か？

ではなぜFluentdのようなソフトウェアが必要になるのでしょうか？

データの解析を行うには、まずデータがないとはじまりません。解析の対象となるデータはいろいろなものが考えられますが、その中でもログが重要な解析対象であることは異論のないところでしょう。日々生み出されるアプリケーションのログやWebサーバのアクセスログを解析しサービスの改善に活用したいという要望は、データ解析のニーズとしてよくあるものの1つです。

多くの場合、ログを解析する処理は、アプリケーションサーバやWebサーバから解析用のサーバへログを回収をする必要があります。このケースでは、一定時間ごとのバッチ処理の中で、scpやrsyncなどを用いてある範囲のログをまとめてログ解析サーバへコピーするというやり方が一般的かと思います。このやり方にはいくつかの問題点があります。

1. 回収に長い時間が必要

大量のログを一度にまとめて回収するため、転送が完了するまでに長い時間が必要です。この時間はログの量が増えるにつれてさらに延びていきます。

2. データが解析可能になるまでに長い時間が必要

たとえば毎日1:00に前日分のログを回収するケースを考えます。この場合、ある日の0:00に発生したログは、次の日の1:00 + 回収に必要な時間、つまり25時間 + aが経過するまで解析を行うことができません。

3. ネットワークの帯域の消費

ログ回収のバッチ処理では、ネットワークが回収速度のボトルネックになることが多く、貴重なリソースであるネットワークの帯域がログの回収に消費されることになります。また、一時的にネットワークに非常に高い負荷がかかるため、システムのほかの場所に影響が出ないよう注意深く監視する必要があります。

109

4. 処理の不安定さ

バッチ処理の中でリトライなどを十分に実装していないと、一時的なネットワークの不調などで転送が失敗し容易に障害へつながります。

◇◇◇

これらの問題を解決する方法の1つは、「ある範囲のログを一度に回収する」のではなく、「細かい単位で常に回収し続ける」しくみにすることです。とはいえ一からこのしくみを構築するとなるとたいへんな手間が必要です。また、常に回収し続けるので、少し不安定な動作をするだけで簡単に回収漏れにつながります。単に動くだけではなく、安定して稼働し続ける機能も重要です。そのため、従来のバッチで回収するしくみから常に回収し続けるしくみに移行するメリットは理解していても、実際に移行することは困難でした。

しかし、Fluentdがあれば少しの手間で簡単にこの問題を解決できます。それぞれの現場の事情に合わせた部分のみを設定するだけで、データの即時性が高く安定して稼働するログの回収基盤を容易に構築することができるのです。

Fluentdの利点

Fluentdの一番の利点はログの継続的な回収が可能になることですが、そのほかにもログを取り扱う上で便利な特徴を備えています。

■JSON形式

Fluentdではログを単なる文字列ではなく、JSON形式として構造化された状態で取り扱うことができます。

実際にログを利用するときには、構造化された状態で扱いたい場合が多いと思います。しかし、テキスト形式のログを経由するとどうしても一度は非構造化されたただのテキストになるため、パース（構文解析）して構造化された状態に戻す必要があります。

アプリケーションから直接構造化された状態でFluentdに流し、MongoDBなど構造化されたデータを扱うデータベースに受け渡せば、パースをいっさい行わずに直接解析を始めることができるようになります。

■プラグインによる拡張

Fluetndのプラグインは、データの入力方法や、出力先、また流れてきたデータに対して何かしらの処理を行うような機能の拡張を行うことができます。このため、いったんログをFluentdを介して回収するようにしておけば、あとからログに対して処理を追加したい場合にもプラグインによって最小限の手間で実現することが可能になります。

例を1つ挙げると、アプリケーションのログを1つのサーバに集約していたとして、ログの量が増えたため、直近のログ以外をAmazon S3に移動したくなったとします。Fluentdでログを回収していれば、fluent-pluing-s3を追加して設定するだけでサーバに回収すると同時にAmazon S3にも保存できます。これで、サーバ側で古くなったログから順次削除していくだけでOKです。これに対して、従来のバッチ内でscpを用いる方法を採用していた場合は、回収してきたファイルをS3に送信する処理をあらたに実装する必要があります。

いったん回収のしくみを構築しても、あとあとになって何かしら処理を追加したいという要求が出てくることは多いです。Fluentdはプラグインによる高い拡張性を持っているので、そういった要求にも柔軟に応えることが可能になります。

また、プラグインに必要な言語はRubyで、比較的かんたんに実装できます。RubyGems.org注1にも多くのプラグインが公開されており、それらを利用することもできます。

■導入がかんたん

FluentdはRubyで実装されているため、実行に特別な環境は必要ありません。Fluentdのリリース版一式はRubyの標準的なリポジトリであるRubyGems.orgで公開されており、インストールはコマンド1つです。主要開発者が所属しているTreasure Data社がrpmやdebなどのパッケージを提供しており、こちらも利用できます。これらの

注1) http://rubygems.org/

パッケージにはFluentdに必要なRuby 2.1や主要なプラグインなども含まれているため、さらにかんたんにFluendをセットアップすることができます。

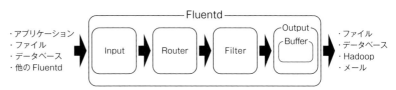

◆図1　Fluentdのアーキテクチャ

■ ログの損失を出さない工夫

常にログを回収し続けるしくみでは、システムのどこかが不安定になるだけで、回収結果からその間のログが失われてしまいます。回収に失敗した場合、再度回収を実行することになりますが、バッチ形式のようにファイルに実体のある対象が存在しないので、再回収にかかる手間は少し複雑になります。

そのため、常にログを回収し続けるしくみを構築する際にはログの損失がどの程度起きるかを注意深く検証する必要があります。Fluetndはログの損失を極力出さないために非常に気を使っています。

1. バッファ機能

Fluentdは内部にバッファを持っており、何らかの原因で一時的に出力先が利用不可能になっても、しばらくの間は内部のバッファに保存しつつリトライを試みてくれます。

2. ファイルの読み取り位置

Fluentdには既存のログファイルをデータの入力元とする機能がありますが、どこまで読み込んだかを管理するしくみがあり、Fluentdを再起動しても前回に読み込んだ位置の直後から読み込みを再開してくれます。

3. 可用性

Fluentd間の転送は障害検出とフェイルオーバーの機能があり、単一障害点のないシステムをかんたんに構築できます。

● アーキテクチャ

Fluentdはデータの入り口となるInput、Inputから入ってきたデータをルーティングするRouter、データを一時的にバッファリングするBuffer、データの出力先を決めるOutputからなります（図1）。このうち、Input、Filter、Buffer、Outputはプラグインとなっており、自由に入れ替えることができます。

■ Inputプラグイン

Inputプラグインはさまざまなソースからデータを読み取り、Fluentdで扱う形に変換するという役割です。

代表的なプラグインは次の通りです。

● forward

TCPのソケットを待ち受けてデータを受け取ります。ほかのFluentdからの転送や、各種プログラミング言語でのロガーからの送信がおもな入力元です。

● tail

tailコマンドのようにほかのプログラムが出力したファイルを1行ずつ取り出します。データを取り出す際に、設定されたパースを行うことでFluentdで扱う構造化データに変換します。

■ Router

RouterはInputプラグインから入ってきたデータが、どのFilter/Buffer/Outputプラグインに渡されるかをルーティングします。

■ Bufferプラグイン

Bufferプラグインは、Routerによってルーティングされてきたデータをバッファに一時的に保存し、一定のタイミングでそれまでに溜まったデータをOutputプラグインに書き出します。Outputプラグイン1つにつき1つのバッファが作られます。

Outputプラグインが書き出しに失敗した場合は、

バッファ内にデータを消さずに残しておき、再度Outputプラグインに書き出すことで、データの損失を防ぐしくみが組み込まれています。

Bufferプラグインの挙動は公式ページ[注2]に詳細に解説されていますので、そちらを参照してください。

バッファの保存先として次の2種類のプラグインが提供されています。

● memory

メモリ上にバッファを保存します。データの損失を防ぐために、Fluentdの終了時には全部のデータをOutputプラグインに書き出しますが、ここで書き出しに失敗するとデータが失われることになります。

● file

ファイルシステム上にバッファを保存します。上記のbuf_memoryに比べてパフォーマンスは劣る代わりに、Fluentdの終了時データ損失は起こらなくなります。

■ Outputプラグイン

OutputプラグインはBufferプラグインから渡されたデータを各種出力先に書き出します。一部のOutputプラグインはバッファを持たずにEngineから直接データを受け取ります。次のようなプラグインがあります。

● forward

別のFluentdへデータを送信します。

● file

データをファイルへ書き出します。

● webhdfs

Hadoopにデータを保存します。

■ Filterプラグイン

Filterプラグインはバージョン0.12で新たに追加された機能で、Inputプラグインで受け取ったメッセージをOutputをプラグインに渡す前に、加工、フィルタリングなどの処理を行います。0.10以前のバージョンでは同等の機能をOutputプラグインとして実装し、内部で再度Inputプラグインの機能を呼び出す、という方法をとることが多かったのですが、この類の機能に多くの需要があることが分かったため、0.12で専用のプラグインとして提供されるようになったという経緯があります。次のプラグインがコアと同梱して提供されています。

● grep

データ内部のフィールドの値に応じてデータのフィルタリングを行います

● record_transformer

データ内部のフィールドに対して追加、削除、変更などの操作ををを行います。

Fluentdのログの構造

◆図2　Fluentdのログの構造

tag: app_a.log	time: 1370184495	record: {k1: 100, k2: value1}
tag: app_b.log	time: 1370184496	record: {k1: 150, k3: 10}
tag: app_a.log	time: 1370184498	record: {k1: 200, k2: value2}

Fluentdで扱うログは、tag、time、recordの3要素で構成されています（図2）。

● tag

ログの種類です。おもにEngineによるログのルーティングに用います。

● time

ログの時刻をUNIX時刻で表したものです。多くの場合はログが記録された時刻です。

● record

ログの内容です。内容としてはJSONのオブジェクトが入ります。

Fluentdの設定ファイル

リスト1は設定ファイルの例です。

大きく分けるとsourceとmatch という2種類の設定項目があります。

注2）URL http://docs.fluentd.org/articles/buffer-plugin-overview

◆リスト1　Fluentdの設定ファイル

```
<source>
  @type tail❶
  path /var/log/httpd-access.log❷
  format apache❸
  tag apache.access❹
</source>

<match apache.access>❺
  @type forward❻
  host aggregate.local❼

  buffer_type memory❽
</match>
```

sourceはInputプラグインに関する設定です。この設定によってFluentdにどのようにデータが入ってくるかが決まります。typeではどのInputプラグインを用いるか設定します。

matchはパターンとともに設定されます。このパターンはRouterのルーティングに使われます。パターンにマッチするtagを持つログが、match内の処理に渡されます。matchの内部はBuffer/Outputプラグインの設定です。Engineから渡されたデータをどのように出力するかを設定します。typeによってOutputプラグインが、buffer_typeによってそのOutputプラグインが用いるBufferプラグインが設定されます。

リスト1を順に解説していくと

❶ tailプラグインを利用しています。tailプラグインは指定したファイルを書き込まれた順に1行ずつ読み込んで入力するプラグインです。
❷ /var/log/httpd-access.logが対象ファイルです
❸ formatはどのようにログをパース（構文解析）するかを指定します。通常は正規表現で指定しますが、いくつか組込みのフォーマットが利用できます。ここではApacheのログ形式を指定しています。
❹ このInputプラグインで入ってきたログのtagはapache.accessになります。
❺ apache.accessのtagを持つログ、つまり❹のInputから入ってきたログがここで処理されます。
❻ forwardプラグインを利用します。forwardプラグインは別のFluentdにログを送信するプラグインです。

❼ 送信先はaggregate.localにあるサーバです。
❽ バッファはmemoryを利用します。

◇◇◇

まとめると、この設定はApacheのアクセスログを読み込んで特定のサーバに送信するためのものです。Apacheが動いているすべてのサーバでこの設定のFluentdを動かしておけば、すべてのApacheのアクセスログを1つのサーバに集約できるというわけです。

使い方

gem版Fluentdとtd-agent

インストールする前に、RubyGems.orgで公開されているFluentdパッケージを使うか、Treasure Data社提供のパッケージであるtd-agentを使うかを考える必要があります。それぞれのパッケージには次のような特徴があります。

- gem版 Fluentd
  最新の機能を利用できる
- td-agent
  Ruby2.1の処理系、jemallocなどのライブラリ、起動スクリプトが同梱されているため導入がかんたん

gem版に比べてtd-agentに含まれるFluentdのアップデートは少し遅れるのですが、現状ではgem版から数週間も待つわけではありません。筆者の環境ではtd-agentを利用しています。

インストール方法

gem版を利用する場合は、Rubyのバージョン1.9.3以上をインストールしたうえで、gemコマンドを実行します（図3）。

td-agentを利用する場合は各OSのパッケージ機

◆図3　gem版のインストール

```
$ gem install fluentd
```

能を利用することになります。ここではCentOSなどのyumを利用する場合を紹介します。

リポジトリ定義ファイルの追加からtd-agentのインストールまで、一連の操作をまとめたシェルスクリプトが提供されているのでそちらを利用してください（図4）。

● 設定

td-agent版の設定ファイルは/etc/td-agent/td-agent.confにあります。インストール時に作成されるファイルには設定例が載っています。適宜編集して利用してください。

gem版の場合は利用者が設定ファイルを用意して、-cオプションで起動時に指定します。図5のコマンドで設定ファイルのひな形を生成できます。

● 起動

td-agentの場合は同梱の起動スクリプトを利用できます（図6）。

gem版の場合は-dオプションを付けてデーモン化できます。ですが、-dオプションをそのまま利用するだけでは、終了などで直接killコマンドを実行するしかなくなるので、運用を考えると自前で起動スクリプトを用意するか、daemontoolsやupstartなどのサービス管理ツールを利用するのが望ましいです。

サービス管理ツールの中で筆者のお勧めはsupervisordです。設定がかんたんな上に、1つの設定で複数のFluentdを立ち上げることもできます。FluentdはRubyで実装されているため1つのプロセスでは1つのCPUコアしか利用できません。サーバのリソースを使い切るためには、複数プロセスのFluentdを立ち上げることが必須です。

筆者のケースではインストールにはtd-agentを利用していますが、システム中の一部のサーバでは、複数プロセスを立ち上げるために同梱の起動スクリプトを利用せずにsupervisordから起動しています。

たとえば8プロセスのFluentdを立ち上げるsupervisordの設定はリスト2のようなものになります。

/etc/fluentd に fluentd.24200.conf から fluentd.24207.conf までの8ファイルを用意しておき、それぞれのプロセスの設定ファイルとしています。番号はそれぞれのプロセスが待ち受けるポート番号に対応させています。

◆図4　シェルスクリプトを利用する

```
$ curl -L https://toolbelt.treasuredata.com/sh/install-redhat-td-agent2.sh | sh
```

◆図5　設定ファイルのひな形生成

```
$ fluentd --setup /etc/fluentd
$ vim /etc/fluentd/fluent.conf
```

◆図6　起動スクリプトの利用

```
$ sudo service td-agent start
```

◆リスト2　8プロセスのFluentdを立ち上げるSupervisordの設定（例）

```
command=/usr/lib64/fluent/ruby/bin/fluentd -c /etc/fluentd/fluentd.%(process_num)s.conf
process_name=%(program_name)s-%(process_num)s

numprocs=8
numprocs_start=24200

autorestart=unexpected

user=td-agent

stdout_logfile=/var/log/fluentd/%(program_name)s.%(process_num)s.log
stdout_logfile_maxbytes=50MB
stdout_logfile_backups=10

stderr_logfile=/var/log/fluentd/%(program_name)s.%(process_num)s.stderr
stderr_logfile_maxbytes=50MB
stderr_logfile_backups=10

environment=LD_PRELOAD=/usr/lib64/fluent/jemalloc/lib/libjemalloc.so
```

プラグインの利用方法

gem版でインストールした場合fluent-gemというコマンドが入りますのでそれを用いてインストールします（図7）。

td-agentの場合もfluent-gemは入りますが、パスは通ってないので、どこに入ったかを確認して利用してください。td-agentの場合は同梱のruby環境下でFluentdが実行されることになるのですが、同梱のfluent-gemを利用すれば、正しいパスにプラグインがインストールされるので心配いりません（図8）。

公式ページに現在公開されているプラグインの一覧があるので、どのようなプラグインがあるか一度目を通しておくといいと思います注3。

fluent-agent-lite について

Fluentdに関連したツールとして、tagomoris氏が作成したfluent-agent-lite注4があります。ほかのプロセスが書きだしたログファイルを順次読み込んで、別のFluentdに送信するという処理に特化したツールです。FluentdのtailインプットプラグイN、forwardアウトプットプラグインの組み合わせに相当する動作になります。

1つの機能しか持っておらず、またtailプラグインにある読み取り位置の記憶などの機能を持っていない代わりに、筆者の計測ではFluentdより多くの流量を捌くことが可能でした。

筆者の環境ではFluentdで十分だったため利用にはいたっていませんが、ログを読み取る部分でのパフォーマンスに困ったら検討してみてください。

また、ログの構造化は行わずに1行まるごとを1つのフィールドに入れる特徴があるため、ログの構造化をせずに転送・収集し生ログのまま保存したいというケースでも用いられているようです注5。

Fluentdの活用方法

Fluentdはすでに広く使われているソフトウェアであり、事例なども多く公開されています。その中で見られる利用目的、システム構成の分類を紹介します注6。

Fluentdは非常に柔軟なツールで、プラグインやシステムの組み方しだいでさまざまな使い方ができるのですが、その反面導入時に何をすれば良いか、何ができるのかということが少しわかりにくいところがあります。そういった場合に、このような既存の事例に着目すれば、導入の際の助けになるのではないかと思います。

改訂にあたって

2012年執筆時にはこの構成のシステムを用いていましたが、現在はリプレースを行い大きく異なる構成となっています。また、執筆時にはfluentdのバージョンは0.10でしたが、2016年の時点ではv0.14と大幅に進んでおり、設定ファイルの文法に多少の変化があるほか、多くの機能追加が行われています。その中には、本稿で紹介したFilterプラグインや、ルーティングをより柔軟に行えるようにするlabel機能、ナノ秒の対応、Windowsの対応など、使い勝手を大きく向上させる機能も多数

注3）URL http://www.fluentd.org/plugins
注4）URL https://github.com/tagomoris/fluent-agent-lite

◆図7　fluent-gemでプラグインをインストール
```
$ fluent-gem isntall fluent-plugin-mongo
```

◆図8　td-agentでプラグインをインストール
```
$ rpm -ql td-agent | grep fluent-gem
/usr/lib64/fluent/ruby/bin/fluent-gem
/usr/lib64/fluent/ruby/lib/ruby/gems/1.9.1/gems/fluentd-0.10.33/bin/fluent-gem

$ /usr/lib64/fluent/ruby/bin/fluent-gem install fluent-plugin-mongo
```

注5）fluent-agent-lite と td-agent で、小さくはじめる fluentd - Studio3104::BLOG.new　URL http://studio3104.hatenablog.com/entry/20120824/1345795228
注6）あくまで筆者個人による分類ですので、一般に通じる呼び名ではないこと、および網羅性があるわけではないことをご承知ください。

あります。本事例はfluentdの構成の一例として参考になるものと考えていますが、これらの新機能を利用していない点についてはご留意ください。

利用目的

ログ収集

あえて述べる必要はないかもしれませんが、最も基本的な使い方です。アプリケーションログやアクセスログなどを各サーバから回収、集約して、指定の場所に書き出します（図9）。

書き出し先は用途に応じてさまざまで、MongoDB上で解析を行うためにfluent-plugin-mongo、Hadoopで処理を行うためにfluent-plugin-webhdfs、アーカイブ用途としてS3に書き出すfluent-plugin-s3などや、それらをcopyプラグインで組み合わせる使い方が多いようです。

統計＋可視化

Fluentdのプラグインの中にはログの統計情報を取得できるものがいくつかあります。ログの流量を計測するfluent-plugin-flowcounter、ログの値ごとにカウントを行うfluent-plugin-data-counter、fluent-plugin-numeric-counter、ログの値の平均や最小、最大値などを取得するfluent-plugin-numeric-monitorなどがそうです。

これらのプラグインを用いると、たとえばApacheのアクセスログから一定時間ごとに各レスポンスコードがどれだけあったか、などの値を取得できます。これらのプラグインで取得した値をグラフ化することで、継続した可視化までを実現できます（図10）。

Fluentdと組み合わせてのグラフ化に最もよく用いられているのはGrowthForecast[注7]です。Fluentdからfluent-plugin-growthforecastを用いて値を出力することで、FluentdとGrowthForecastのみで簡単にグラフを作成できます。

ほかにもfluent-plugin-opentsdbなどGrowthForecast以外のグラフ化ツールと組み合わせる事例や、MongoDBに入れて独自にグラフ化を行う事例も

注7) URL https://github.com/kazeburo/GrowthForecast

◆図9　Fluentdを用いたログ回収

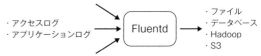

◆図10　Fluentdを用いた可視化

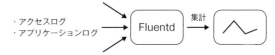

◆図11　Fluentdを用いた検知／通知

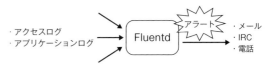

あるようです。

検知／通知

ログの中のある値や、統計を出すプラグインで得られた数値などが、一定の値になった場合を検知したいというケースがあります（図11）。たとえば、レスポンスコードを500で返している数が一定数以上ある場合は、プログラムにバグがあると想定されます。そういった場合にFluentdの中で検知し、通知を行うという使い方があります。

単純に閾値を設けて検知を行うにはfluent-plugin-notifierを利用します。また、データマイニングの異常検知の手法を実装したfluent-plugin-anomalydetectというプラグインがあり、過去の傾向から見た異常な値が検出できます。

通知先としては、fluent-plugin-ikachan、fluent-plugin-irc、fluent-plugin-mail、fluent-plugin-snsなどさまざまあり、各自の環境に合わせて通知できます。変わったところではfluent-plugin-twillioというプラグインを用いて、電話をかけることもできます。

システム構成

Fluentdを実際に利用する際には、収集元の各サーバからのデータを受ける集約用のFluentdを複数のサーバに立て、クラスタとして運用することが多くあります（図12）。クラスタ内の各ノードがどのように役割を分担するかは、ある程度傾向

◆図12　Fluentdクラスタ

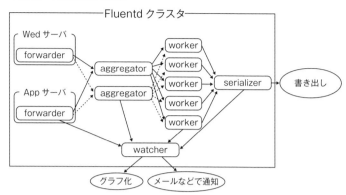

が決まっています。ここでは、Fluentdのクラスタでよく見られるノードの役割を解説します。

必ずしも1つのサーバが1つの役割というわけではなく、とくにシステムが小さいうちは無駄にサーバを増やさないためにも1つのサーバが複数の役割を担うことになると思います。

forwarder

ログが発生する場所に立ち上げて、ログを回収しaggregatorに送信する役割のノードです。fluent-agent-liteを用いることもできます。

Fluentdの負荷がアプリケーションに影響を与えないようにするために、送信以外の処理はあまり行わないことをお勧めします。

また、安定してログを回収するために、一度設定して動かし始めたら、基本的には再起動せずに動かし続けます。

aggregator

forwarderから送られてきたログを集約し、workerやserializerに送信します。負荷の高い処理の必要がない場合は、worker/serializerを用意せずこのノードから直接ログの書き出しを行うケースもよくあります。

このノードには、おもに次のような目的があります。

- aggregatorを2台以上用意することで冗長化し、forwarderから確実にログを受け取れるようにすること

worker/serializerを別途用意する場合は次のような役割もあわせて果たすことになります。

- 大量のworkerに対してのロードバランシングを行う
- workerの増設などで設定の変更が必要になる場合でも、forwarderの設定を変更せずに済む

役割の中では、とくに冗長化が重要です。このノードの冗長化を行うことで、最小限のサーバ台数で単一障害点のないシステム構成をとることができ、forwarderから確実にログを受け取ることができます。

worker/serializerを別途用意する場合は、このノードは転送のみに集中してもらうシステム構成をお勧めします。このノードには多くのサーバからのログが集中するため、大量のログが流れることになります。ログの転送のみに集中させることで、サーバ性能によっては1台で200Mbpsを超える流量を捌くことができます[注8]。

fluent-agent-liteは別のFluentdへの送信しかできないため、ルーティングを行うためにはこのノードを用意することが必須になります。

worker

ログのパースや書き換えなど負荷の高い処理を行うためのノードです。処理の追加やログの量が増加などで捌ききれなくなった場合は、workerのサーバ台数を増やすスケールアウトで対応できるようにしておくことが重要です。

serializer

workerによって処理されたログを集約し別システムに書き出すためのノードです。workerは多数立ち上げることを想定しているので、workerから直接書き出しを行うと、書き出し先がHDFSファイルの場合に大量のファイルができてしまうとい

注8)　サーバの性能を出しきるために、Fluentdを複数プロセス立ち上げることは必須です。

う問題があります。そのため、いったんこのノードに集約してから書き出すことでファイル数の増大を抑えます。また、書き出し先がデータベースの場合もこのノードを通すことでクライアント接続数を抑えることができます。

■ watcher

ログからメトリクスの収集を行ったり、検知や通知を行うためのノードです。規模が小さいうちはほかのノードがこの役割を担っても問題ないですが、比較的負荷の高い処理かつ頻繁に設定の変更を行うことになるので、主目的であるログの回収に影響を与えないためになるべく分けておくことをお勧めします。

事例紹介

一部まだ検証中ですが、弊社ではFluentdを用いて**表1**のようなシステムを構築しています。

全体の構成はおおむね図13のシステム構成の解説どおりなのですが、watcherノードにおいて、統計情報を計算するプロセスと可視化を行うプロセスを分けて複数プロセスを起動している点、workerノードが存在しない点が若干異なります。watcherノードは統計情報の計算で突発的に負荷が高くなり、可視化の処理に影響が出ることもあったためプロセスを分けています。

aggregatorとserializerではsupervisordを用いて1台のサーバに複数のFluentdプロセスを立ち上げています。aggregatorは1台に8プロセス、serializerは1台に2プロセスです。将来workerを追加するときのためにserializerはかなり余裕を持たせた配分になっています。

aggregatorの1台は冗長化するためのスタンバイですので、実際には1台のサーバがすべての流量をさばいています。

また、すべてのサーバの設定ファイルは構成管理ツールのchef[注9]を用いて配布しています。1台で複数のプロセスを立ち上げる場合は、ポート番号だけ異なる複数の設定ファイルを設置する必要がありますが、chefを用いることで1つのひな形ファイルから必要な分を生成します。

次に、このシステムで実現している機能の中で代表的なものとその設定を解説していきます。

● ログの回収

弊社ではDSPと呼ばれるWeb広告を出す会社へ向けたサービスを開発しています。DSPとして提供している機能はいろいろあるのですが、その中に広告効果のレポーティングがあります。広告の効果はログから計算を行うため、DSPを提供する上でログは非常に重要な位置づけになっています。

Fluentdを用いてアプリケーションサーバから広告配信に関するログを収集しています。ログの流量としては現在1日あたり2Tバイト弱ですが、表1のような構成で今のところ破綻することなく稼働しています。

アプリケーションサーバにおけるforwarderの設定は**リスト3**のようなものです。

ログを構造化せずに送りたい、時刻だけはログに書かれたものを使いたいという要求に応えるために、tailを継承した独自プラグインを作成し用いています。

入ってきたログは、aggregatorに送るとともにflowcounter[注10]で流量を計測し、watcherに送ってグラフ化をしています。流量は各ノードの負荷と合わせてキャパシティプランニングに利用しています。

また、複数立ち上がっているaggregatorを均等に利用するために、送り先のaggregatorのポートについては24200〜24207の値をforwarderごとに順次振り分けるようにしています。

◆ 表1　システム構成の例

ノード	台数
forwarder @アプリケーションサーバ	48台
forwarder @nginx	1台
aggregator	2台
serializer	2台
watcher	1台

注9）URL https://www.chef.io/chef/
注10）URL https://github.com/tagomoris/fluent-plugin-flowcounter

リアルタイムログ収集でログ解析をスマートに
Fluentd入門

aggregatorではリスト4のような設定になっています。入ってきたログをforwardプラグインの機能を用いてserializerの各プロセスにロードバランシングしています。複数の送信先を並べると冗長な設定になってしまいますが、config-expander[注11]を利用することで短くまとめることができます。

serializerはリスト5のような設定になっています。webhdfs[注12]を用いてHDFS（Hadoop Distributed File System）上にログを書き出しています。また、HDFSに一時的に書き込めなくなっ

注11）URL https://github.com/tagomoris/fluent-plugin-config-expander
注12）URL https://github.com/fluent/fluent-plugin-webhdfs

◆リスト3　forwarderの設定例

```
<source>
  @type solog
  path /var/log/access.log
  pos_file /var/log/td-agent/accesslog.pos
  tag access.log
  field_name record
</source>

<match access.log.**>
  @type copy
  <store>
    type forward
    <server>
      host aggregator.active
      port 24200
    </server>
    <server>
      host aggregator.standby
      port 24200
      standby
    </server>
  </store>
  <store>
    @type       flowcounter
    count_keys record
    unit       minute
    aggregate  all
    tag        metrics.traffic.${hostname}
  </store>
</match>

<match metrics.**>
  @type forward
  <server>
    host watcher
    port 24200
  </server>
</match>
```

◆リスト4　aggregatorの設定例

```
<source>
  @type forward
  port 24200
</source>

<match access.log.**>
  @type config_expander

  <config>
    @type forward

    flush_interval 1s

    num_threads 4

    buffer_type         memory
    buffer_queue_limit 32
    buffer_chunk_limit 64m

    <for host in serializer1 serializer2>
      <for port in 24200 24201>
        <server>
          name __host__
          host __host__
          port __port__
          weight 60
        </server>
      </for>
    </for>
  </config>
</match>
```

◆リスト5　serializerの設定例

```
<match access.log.**>
  @type webhdfs
  namenode          namenode.active:50070
  standby_namenode namenode.standby:50070
  path /fluentd/accesslog/%Y%m%d/access.log.%Y%m%d_%H.${hostname}-${uuid}.log

  output_include_time no
  output_include_tag no
  output_data_type attr:record

  buffer_type file
  buffer_path /var/run/fluentd/24200.webhdfs.*.buffer
  buffer_queue_limit 256
  buffer_chunk_limit 256m
</match>
```

◆リスト6　nginxサーバの設定例

```
log_format ltsv "remote_addr:$remote_addr\tremote_user:$remote_user\ttime_local:$time_local t"
                "request:$request\tstatus:$status\tbody_bytes_sent:$body_bytes_sent t"
                "http_referer:$http_referer\thttp_user_agent:$http_user_agent trequest_time:$request_time";
```

た場合でもログをなるべく失わないようにするために、バッファにはfileプラグインを用いており、バッファのサイズも大きめに設定しています。

nginxログの可視化

DSPとして提供している機能の1つにRTB（Real Time Bidding）というものがあります。

RTBとは、次のような流れで進む枠組みのことです。

- ユーザが広告枠のあるWebページを閲覧する
- 広告枠を管理しているSSPというサービスが、複数のDSPに広告枠を表示する権利のオークションを実施する
- 最高額を入札したDSPが広告を表示する

ここで重要なのはSSPはオークションへの入札をいつまでも待ってくれるわけではなく、100msで打ち切ってしまうということです。行き帰りの通信時間を考えると、DSP側では数十ms以内に入札を行う必要があります。入札ができなければ当然広告を表示できる可能性は皆無です。そのため、この時間内にレスポンスを返して入札を行うということは、DSPを提供する上での大前提となっています。

このレスポンスタイムが実際にどのようになっているかモニタリングするために、Fluentdを用いてレスポンスタイムの可視化をしています。弊社ではnginxをリバースプロキシとして利用しておりリクエストの最初の受け口になっているため、このnginxでのレスポンスタイムが対象になります。

nginxサーバは、nginxログをltsv[注13]と呼ばれる形式で出力用に設定しています（リスト6）。ltsvとは、TSV（Tab Separated Values; タブ区切り）を拡張して各フィールドにラベルを追加した形式で、ラベルをフィールド名として扱うことでパースす

◆リスト7　nginxサーバ上のFluentd設定例

```
<source>
  @type tail
  format ltsv
  path /var/log/nginx/access.log
  pos_file /var/log/td-agent/access.log.pos
  tag adsvr.nginx.accesslog
</source>

<match nginx.accesslog>
  @type sampling_filter
  interval 50
  add_prefix sampled
</match>

<match sampled.nginx.accesslog>
  @type forward
  <server>
    host watcher
    port 24201
  </server>
</match>
```

る際に別途スキーマを用意する必要がなくなるため、フィールドの追加に対して柔軟に対応できるという特徴があります。Fluentdでは組み込みのltsvパーサーが用意されているため、ltsvと非常に相性がいいです。

nginxサーバのFluentdはリスト7のような設定になっています。すべてのログを流すとwatcherで計算する際の負荷が追いつかなくなるので、sampling_filter[注14]を用いて1/50にサンプリングしています。レスポンスタイムなどは傾向がわかれば十分ですので、早めにサンプリングを行っておくことでシステムのリソースを節約できます。

これを受けたwatcherの計算用プロセスではリスト8のような設定をしています。

とくに重要なのはrewrite_tag_filter[注15]とnumeric_counter[注16]、numeric_monitor[注17]です。

注13) URL http://ltsv.org/

注14) URL https://github.com/tagomoris/fluent-plugin-sampling-filter

注15) URL https://github.com/y-ken/fluent-plugin-rewrite-tag-filter

注16) URL https://github.com/tagomoris/fluent-plugin-numeric-counter

注17) URL https://github.com/tagomoris/fluent-plugin-numeric-monitor

◆リスト8　watcherの計算用プロセス設定例

```
<match sampled.nginx.accesslog.**>
  @type           amplifier_filter
  ratio           1000
  key_names       request_time
  remove_prefix   sampled
  add_prefix      amplified
</match>

<match amplified.nginx.accesslog.**>
  @type rewrite_tag_filter

  rewriterule1 request ^(?:POST|GET) /(.+)/    rewrited.nginx.accesslog.$1
</match>

<match rewrited.nginx.accesslog.**>
  @type copy
  <store>
    @type                    numeric_counter
    unit                     minute
    tag                      sampled.metrics.nginx.count.request_time
    aggregate                tag
    count_key                request_time
    outcast_unmatched        true
    input_tag_remove_prefix  rewrited.nginx.accesslog

    pattern1 under_20ms    0     20
    pattern2 under_40ms    20    40
    pattern3 under_60ms    40    60
    pattern4 under_100ms   60    100
    pattern5 under_1s      100   1000
    pattern6 over_1s       1000
  </store>
  <store>
    @type                    numeric_monitor
    unit                     minute
    tag                      metrics.nginx.monitor.request_time
    aggregate                tag
    monitor_key              request_time
    percentiles              90,95
    input_tag_remove_prefix  rewrited.nginx.accesslog
  </store>
</match>

<match sampled.metrics.nginx.count.request_time>
  @type           amplifier_filter
  ratio           50
  remove_prefix   sampled
  key_pattern     .*_(rate|count)$
</match>

<match metrics.nginx.{count,monitor}.**>
  @type forward
  <server>
    name localhost
    host 127.0.0.1 # not localhost, probably because of IPv6 issue
    port 24200
  </server>
</match>
```

　rewrite_tag_filterではパスの第一階層を取得しtagの末尾に付加しています。弊社ではパスの第一階層ごとで提供している機能を分けているため、こうすることでRTBに関するアクセスのみのレスポンスタイムを取得できるようになります。

　numeric_counterではレスポンスタイムが、指定した数値のどの範囲に入るかをカウントしています。numeric_counterではそれぞれの範囲の割合も出してくれるため、これらをグラフ化しておくことで、期待されるレスポンスタイムの割合がど

◆リスト9　メトリクスの可視化設定例

```
<match metrics.nginx.{count,monitor}.**>
  @type             growthforecast
  gfapi_url         http://growthforecast.local/api/
  service           nginx
  tag_for           section
  remove_prefix     metrics.nginx
  name_key_pattern  (count|rate|percentage|avg|min|max|percentile_\d+)$
</match>
```

れくらいかを可視化できます。

numeric_monitorは最大値、最小値、平均と指定した値でのパーセンタイル[注18]を計算してくれます。これらの数値も同様にグラフ化を行っています。

また、サンプリングを行っているため、集計した結果は実際の値のサンプリングレートをかけた値になっていますが、これはamplifier_filter[注19]を用いて定数倍することで戻すことができます。

ここで得られたメトリクスはwatcherの可視化のプロセスに送られます。可視化のプロセスではリスト9のような設定でメトリクスをgrowthforecast[注20]に送りグラフ化しています。上記の設定でパスの第一階層をタグに含めているので、タグごとにグラフ化をすれば自動的にパスの第一階層ごとのグラフができあがります。今後新たにサービスを展開してパスが追加されても、設定を変更することなく自動的に新たなグラフが追加されることになります。

注18）小さいほうから順番に並べたときに特定の個数番目にあたる値。
注19）URL https://github.com/tagomoris/fluent-plugin-amplifier-filter
注20）URL https://github.com/tagomoris/fluent-plugin-growthforecast

まとめ

以上、Fluentdの概要の説明から、使い方、活用方法、事例まで駆け足で紹介してきましたが、いかがでしたでしょうか？

最後にFluentdをこれから始める方向けのポイントを1つ紹介して終わりにしたいと思います。それは、小さく使い始められる、ということです。ログの回収のみであればログの発生するサーバと回収先のサーバにFluentdを立ち上げれば実現できます。インストールは解説したとおり簡単です。ログの読み込みはtailプラグインで行えば、既存のシステムにまったく手を加えることなくFluentdを用いた回収を始めることができます。そうやって小さく始めたFluentdが軌道に乗り始めたら、豊富なプラグインで徐々に拡張していくことができます。

ログの回収について何かしら不満がある方は、Fluentdがその不満を解消できるかもしれません。ぜひ検討して小さくはじめてみてください。

特別企画

超入門
データ分析のためにこれだけは覚えておきたい基礎知識

データサイエンティストとしてデータ分析や統計解析を行うためには、データベース／データウェアハウスに蓄積されたデータを自在に操作したり、手元にあるデータを補完させるためにWebスクレイピングを行うといったスキルも求められます。
こうした観点からここでは特別企画として、SQLとWebスクレイピングの基礎、Tableauの利用方法をわかりやすく解説します。

第1章 リレーショナルデータベース操作に必須の言語
SQL入門

第2章 Webサイトから情報を収集する技術
Webスクレイピング入門

第3章 ビジネスを加速させるBIツール
Tableau実践入門

特別企画　データ分析のためにこれだけは覚えておきたい基礎知識

第1章

リレーショナルデータベース操作に必須の言語
SQL入門

データサイエンティストとしてデータベースを操作する知識は最低限必要です。SQLの文法は標準化されていますので、基本的な記述を覚えておきましょう。

ソフトバンク㈱
中川 帝人 *NAKAGAWA Teito*　teito.nakagawa@gmail.com　TwitterID：@TeitoNakagawa

基礎編

はじめに

　この章ではデータ分析のために最低限知っておきたいSQLの知識について解説します。厳密なトランザクション管理を必要とするものや、レガシーアプリケーションに入っているものを中心として、世の中のデータの多くは、はRDBMS[注1]に格納されており、多くの企業がRDBMS上で分析用のデータベース、DWH（データウェアハウス）を構築してきました。近年では、No SQLのビッグデータ系データベースも増えてきていますが、まだまだ企業内における重要なデータはRDBMSに格納されていることも多く、SQLライクな文法をサポートするNo SQLデータベースも存在します。データ分析する際には統計学の知識と並んで、DBやSQLの知識が必須となります。知らない方はこの章を読んでSQLの基礎を学習してください。

データ分析のために最低限知っておきたいRDBMS

　RDBMSとはデータをテーブル形式で格納する形式のデータベースシステムです。RDBMSは必要な情報を取得する際に、テーブル同士を結合して取得するという考えに基づいてデータベースを作成します。

　代表的なRDBMSとしては、無料で豊富な機能が使えるPostgreSQLやMySQL、商用データベースのOracleやDB2、SQLServerなどがあります。

SQLはどのような場面で必要とされるか

　業務においてSQLが必要になる場面は、大きく次の2つに分けることができます。

- データの参照（選択、集計）
- データのメンテナンス（更新、追加）

　このうち、データ分析の際に発生する業務はデータの参照です。次にデータ参照の例を挙げます。

- 毎月の月次売上報告、製品別原価計算、担当者別売上成績などの定型レポートの作成
- ヒストグラムの作成など、データの概観の把握
- データマイニング用の元データ作成

SQLとは？

　SQLはRDBMSに対してデータの操作をするときに用いる言語です。SQLを実行することで、結果を参照したり、データやスキーマ[注2]を変更できます。実装ソフトによって細かい部分は異なりますが、基本的な文法は標準化されています。なお、

注1) Relational DataBase Management System（リレーショナルデータベース管理システム）

注2) データベース内のテーブルの関係図。

第1章

リレーショナルデータベース操作に必須の言語
SQL入門

◆リスト1　CREATEでオブジェクトを追加する例

```
-- 商品表を作成する

CREATE TABLE d02_product_001(
  productid character varying(255),
  productnam character varying(255),
  productscat character varying(255),
  productmcat character varying(255),
  productlcat character varying(255),
  currentflag character(1)
);
```

◆リスト2　DELETEでデータを削除する例

```
--商品表の商品ID1番を削除する
DELETE FROM d02_product_001 WHERE productid = '00001';
```

◆リスト3　REVOKEでアクセスの制御をする例

```
--ユーザpostgresから、商品表へのデータ更新の権限を取り上げる
REVOKE UPDATE ON d01_product_001 FROM postgres;
```

本章に実装されているSQLはすべてPostgreSQL 9.5で検証しています。

SQLについては、次の分類とコマンドが存在することを覚えておいてください。

■データ定義言語
　用途：データベースオブジェクトの作成、変更、削除
　コマンド：CREATE（リスト1）、ALTER、DROP

■データ操作言語
　用途：データの参照、作成、変更、削除
　コマンド：SELECT、INSERT、UPDATE、DELETE（リスト2）

■データ制御言語
　用途：データベースへのアクセス制御
　コマンド：GRANT、REVOKE（リスト3）

この中で、とくに覚える必要があるのはデータ定義言語とデータ操作言語です。データ制御言語についてはデータベース管理者の仕事となるでしょう。

● SQLの実行

SQLをどのように実行するかイメージが湧かない方もいらっしゃると思います。好みや状況によりますが、ここでは次の3つの方法を紹介します。

（1）pgAdmin[注3]やSQLDevelopper[注4]などのデータベースアクセスソフトを使う
（2）Windowsのコマンドプロンプトや LinuxやMacのターミナル上で行う
（3）RやPythonなどのプログラミング言語から使う

図1はPostgreSQLの管理ソフトpgAdminⅢでSQLを実行している様子です。この管理ソフトを使うとSQLの実行はもちろん、結果を確認しながらSQLを実行できるため、筆者はデータベースアクセスソフトでの実行をお勧めします。

理論編

● 分析のためのデータベース
　DWH理論入門

分析のためのデータベース、DWHについては1990年代にビル・インモン氏やラルフ・キンボール

注3）　URL http://www.pgadmin.org/
注4）　URL http://www.oracle.com/technetwork/developer-tools/sql-developer/overview/index.html

◆図1　pgAdminⅢでのSQL実行

氏によって体系、理論化されたベストプラクティスが存在します。これらの理論は近年のストレージ価格の低下やビッグデータ、No SQLの流行、クラウドを前提としたアーキテクチャとは相性が悪いところも存在します。特にデータの物理的なサーバやストレージでの保持のしかたや索引の構築などは見直されるべき点が増えてきました。一方で論理的な保持のしかた、つまりどのようにすればデータを扱いやすいのか、データの仕様変更にも対応しやすいのかといった点においては、2016年現在の技術において学ぶべきポイントが多くあります。以下では、スタースキーマ、ディメンション、ファクトというDWHの基礎概念について解説します。

■ スタースキーマ

RDBMS内における、データ構造のことをスキーマと呼びます。情報分析に用いられるDWHにはさまざまなスキーマ構築方法が存在します。代表的なものにスタースキーマが挙げられます。データベース内のテーブルとテーブルが星形のような結合構造をすることからこの名前が付いています。スタースキーマは主に参照テーブルが増えるDWHにおいて、情報の更新と参照のパフォーマンスとのトレードオフの結果生まれた最適な方法です。

スタースキーマにはおもに2種類のテーブルタイプが存在します。1つは売上や在庫データを指すトランザクションが格納されたファクトテーブルです。もう1つは、商品名や顧客データのような個別の要素を指すマスタデータを格納するディメンションテーブルです。

■ ファクト

ファクトは分析する対象となるデータで、すでに起こった事実のみが入るため、この名称がついています。このテーブルは、頻繁にデータが追加されるためすぐに大規模なデータとなる一方で、過去の事実は変わらないので原則更新が行われません。

■ ディメンション

ディメンションは分析軸であるマスタデータが入るテーブルで、分析軸は一般に「年別で分析」、「月別で分析」、「日別で分析」と階層的に次元をドリルダウンするため、この名前が付いています。こちらのデータは追加の頻度が少なく、データ量は小さい一方で、頻繁に更新が行われます。

● スタースキーマの例

図2のスタースキーマ図は、売上分析のための小売業者の日別の商品の売上データのスキーマを表したものです。典型的なスタースキーマになっています。実績を格納している売上ファクトテーブルと、カレンダーディメンション、商品ディメンション、店舗ディメンション、顧客ディメンションが、それぞれのID列を通じて結合しています。

売上ファクトテーブルには売上数量や売上金額といった集計の対象となるデータとID列しか存在しません。IDと集計対象となるデータ以外は頻繁に更新されるためです。逆に言うと、IDが変わることは比較的少なく、処理が重くなってしまうファクトの更新を避けることができます。また、ファクトテーブルはすぐに肥大化するため、商品名など余計なデータ量を減らすことができます。

ディメンションには分析軸となるさまざまな項目が入っており、これらのどれか、または組み合わせで集計することにより、分析軸を変更します。時間ディメンションのようなカレンダーデータも、会計年度や自社ルールでの営業日を考慮した分析レポーティング要件に応じてテーブルとして保持します。

たとえば、特定商品分類の都道府県別の売上を

◆図2 売上分析のスタースキーマ図

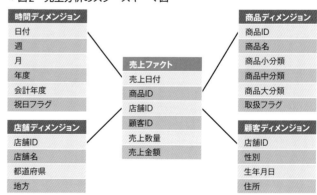

第1章 リレーショナルデータベース操作に必須の言語 SQL入門

レポーティングする場合は、商品ディメンションと売上ファクトを商品IDで、店舗ディメンションと売上ファクトを店舗IDで紐付け、商品ディメンションの商品中分類を特定の項目でフィルターをかけた上、店舗ディメンションの都道府県別に売上ファクトの売上金額を合計します。

なお、このような図は論理スキーマ図と呼ばれ、データの構造を簡単に把握することができます。ExcelやRでの集計時などであっても、要件が1つに決まっていない分析DBの構築前には簡単なメモ書きでよいので論理スキーマをこのように記載しておくとよいでしょう。

実践編

ここからは、実践編として実際に仕事でDWHにアクセスしてレポートを提出する場面を想定してSQLを書いてみましょう。次のレポートをDWHから集計し作成します。

■ 提出するレポート
- 商品別週別売上
- 月別店舗別性別売上／単価／客数
- 売場面積ランク別売上

スキーマを確認する

まずはDWHのスキーマを確認しましょう（図3）。もしきちんと運用管理がされていれば、論理スキーマ図と実際にデータが入っているデータベース実装の設計書である物理スキーマ図が残っているはずです。物理スキーマ図にはテーブルの関係性、カラム名やカラムのデータ型が記載されています。データ型は、整数ならinteger、実数はfloat、文字列はcharacterなど格納されるデータの型を指します。

ここではもうすでにDWHが用意されていると仮定して、DWHの作成方法についての説明は省力します。一般には、CREATE文やINSERT文、固有のDB独自のインポートコマンド機能などで作成されます。

● SELECT文で問い合わせる

それではデータの解析業務をしていきます。まずどのようなデータがテーブルに入っているのか実際にデータを参照するSELECT文を実行して確認します。基本書式は次のようになります。

```
SELECT
        カラム名
FROM
        テーブル名
```

◆図3　DWHの物理スキーマ図

d01_time_001	型
date	date
week	integer
month	integer
year	integer
yearfin	integer
holiday	character(1)

f01_sales_001	型
salesdate	date
productid	character varying(255)
storeid	integer
customerid	integer
count	integer
amount	integer

d02_product_001	型
productid	character varying(255)
productnam	character varying(255)
productscat	character varying(255)
productmcat	character varying(255)
productlcat	character varying(255)
currentFlag	character(1)

d03_store_001	型
storeid	integer
storename	integer
prefecture	integer
area	character varying(30)

d04_customer_001	型
customerid	integer
gender	character(1)
birthdate	date
address	character varying(255)

SELECT文で問い合わせるSQLの例はリスト4のようになり、図4が実行結果です。

また、すべての列をテーブルから参照するには＊（アスタリスク）を用います（リスト5、図5）。

● WHERE句を用いてデータを選択する

次に、入力されているデータが正しいか確認するために、商品ディメンションの商品カテゴリと商品名が一致しているか確認してみましょう。商品ディメンションはデータ数が多いため、商品の分類が「飲料」のものだけに絞り込んで参照します。データの選択には次のようなWHERE句を用います（以降、次のように基本書式を記載します）。

```
SELECT
    カラム名
FROM
    テーブル名
WHERE
    絞り込みたい値;
```

WHERE句を用いたSQLの例はリスト6、実行結果が図6です。ここでは「productmcat = `飲料`」のようにして分類を絞っています。

● JOINを用いてテーブル同士を結合する

続いて、実際の売上ファクトテーブルからどの商品が誰に売れているのかを確認します。売上ファクトテーブルにはコードしか格納されていないため、商品、顧客それぞれの情報を確認できません。そこで、INNER JOIN句を使って結合したデータを取得します。次のSQLを実行して商品ディメンションから商品名と商品分類、顧客ディメンションから顧客のIDと性別をファクトテーブルの売上金額に追加してみましょう。

```
SELECT
    カラム名
FROM
    テーブル名1
INNER JOIN
    テーブル名2
ON
    結合する条件;
```

INNER JOINを用いたサンプルのSQLはリスト7、実行結果が図7です。

結合という操作はテーブル同士の直積[注5]を取得する命令です。このとき、売上ファクトテーブルと顧客

注5） すべての要素の組み合わせを取得したもの。デカルト積とも呼ばれる。例えば、集合A(a,b)と集合B(x,y)の直積Cは、((a,x),(a,y),(b,x),(b,y))となり、集合を構成する要素に関係なく全ての組み合わせが取得される。

◆ リスト4　データの参照

```
--商品ディメンションから商品IDと商品名列を取得する
SELECT
    productid,productnam
FROM
    d02_product_001;
```

◆ リスト5　すべてのテーブルデータを参照

```
--売上ファクトテーブルから全データを取得する
SELECT
    *
FROM
    f01_sales_001
```

◆ 図4　リスト4の実行結果

productid	productnam
203023	鉛筆3本セットHB
203024	鉛筆3本セットB

◆ 図5　リスト5の実行結果

salesdate	productid	storeid	cusotemrid	count	amount
12-12-14	3001K-1	23	34	1	3200
12-12-14	AJA200	23	34	1	420

◆ リスト6　WHEREでデータを選択する

```
--商品ディメンションから商品中分類が飲料の商品を取得する
SELECT
    productmcat, productnam,
FROM
    d02_product_001
WHERE
    productmcat = '飲料';
```

◆ 図6　リスト6の実行結果

productmcat	productnam
飲料	毎日炭酸500ml
飲料	平日牛乳500ml

第1章 リレーショナルデータベース操作に必須の言語 SQL入門

◆リスト7　INNER JOINでテーブルを結合する

```
--売上ファクトテーブルに商品情報と顧客情報を追加して取得する
SELECT
    d04_customer_001.customerid,
    d04_customer_001.gender,
    d02_product_001.productnam,
    d02_product_001.productmcat,
    f01_sales_001.amount
FROM
    f01_sales_001
INNER JOIN
    d02_product_001
ON
    f01_sales_001.productid = d02_product_001.productid
INNER JOIN
    d04_customer_001
ON
    f01_sales_001.customerid = d04_customer_001.customerid;
```

◆図7　リスト7の実行結果

customerid	gender	productnam	productmcat	amount
34	1	鉛筆3本セットHB	文房具	100
34	1	苺ケーキ	菓子	420

◆リスト8　カンマを使ってテーブルの直積を取得

```
--売上ファクトテーブルに商品情報と顧客情報を追加して取得する
SELECT
    d04_customer_001.customerid,
    d04_customer_001.gender,
    d02_product_001.productnam,
    d02_product_001.productmcat,
    f01_sales_001.amount
FROM
    f01_sales_001 ,
    d02_product_001,
    d04_customer_001
WHERE
    f01_sales_001.productid = d02_product_001.productid
AND
    f01_sales_001.customerid = d04_customer_001.customerid ;
```

ディメンションテーブルの直積を取得すると、1つのトランザクションデータに対して顧客ディメンションのすべてのレコード結果が返ってきます。これは望んだ結果ではないため、ON句で両者のコードが一致するものだけを取得します。

テーブル同士の直積を取得する操作はカンマで記述できるため、先ほどのSQLは**リスト8**の書き方でも同様のデータを取得できます。筆者は見た目がシンプルですので、このカンマでテーブル同士を結合し、WHEREで結合条件を指定する方法をよく使用します。

これで欲しいデータへの参照ができました。レポートの作成業務にあたってはこれを集計するだけです。

GROUP BY句と関数を用いてデータを集計する

集計はGROUP BY句を用います。GROUP BY句をSQLの最後に付け加えて、集計単位と別のカラムはSUMやAVG、COUNT関数で集計します。また、ORDER BY句を付け加えるとソートをかけることができます。

ここで、もう一度作成しなければならないレポートを確認してみましょう。

- 商品別週別売上
- 月別店舗別性別売上／単価／客数
- 売場面積ランク別売上

商品別週別売上は商品別の週ごとの売上金額と売上数をカウントしたレポートです。当月分のみで良いため、年月は2013年4月のデータのみを取得すれば良いとのことです。SQLは**リスト9**、実行結果は**図8**です。

```
SELECT
    カラム名
    集計式
FROM
    テーブル名
WHERE
    結合する条件
GROUP BY
    集計するカラム名;
```

月別店舗別性別売上／単価／客数は、先ほどと同様に集計をとるだけのレポートですが、単価と客数の計算が鍵になります。みなさんも少し考えてみてください。正解は**リスト10**のとおり、実行結果は、**図9**のようになります。

列の追加とデータの更新

次に、売場面積ランク別のレポートを作成します。しかし、店舗ディメンションには売場面積ランクという列はないので、追加する必要があります。

まずは店舗ディメンションに店舗ランクを格納

129

特別企画
超入門
データ分析のためにこれだけは覚えておきたい基礎知識

◆リスト9　GROUP BYで商品別週別売上を集計する

```
--商品別週別売上
SELECT
    d02_product_001.productnam,
    d01_time_001.year,
    d01_time_001.week,
SUM(f01_sales_001.count) count,
SUM(f01_sales_001.amount) amount
FROM
    f01_sales_001 ,
    d01_time_001,
    d02_product_001
WHERE
    f01_sales_001.salesdate = d01_time_001.date
AND
    f01_sales_001.productid = d02_product_001.productid
AND
    d01_time_001.year=2013
AND
    d01_time_001.month=4
GROUP BY
    d02_product_001.productnam,
    d01_time_001.year,
    d01_time_001.week;
```

◆図8　リスト9の実行結果

```
productnam          year  week  count  amount
Accelエース          2013  15    4056   405000
Accelエース（3本入り） 2013  15    200    56800
```

◆リスト10　月別店舗別性別売上

```
--月別店舗別性別売上／単価／客数
SELECT
    d01_time_001.year,
    d01_time_001.month,
    d03_store_001.storename,
SUM(f01_sales_001.amount) amount,
SUM(f01_sales_001.amount)/SUM(f01_sales_001.count) unitprice
COUNT(distinct f01_sales_001) numofcust
FROM
    f01_sales_001 ,
    d01_time_001,
    d03_store_001
WHERE
    f01_sales_001.salesdate = d01_time_001.date
AND
    f01_sales_001.storeid = d03_store_001.storeid
AND
    d01_time_001.year=2013
GROUP BY
    d01_time_001.year,
    d01_time_001.month,
    d03_time_001.storename;
```

◆図9　リスト10の実行結果

```
year  month  storename  amount     unitprice  numofcust
2013  4      広島店      43654123   3023       14440
2013  4      京都店      48754321   2098       23228
```

するカラムStoreRankを追加しましょう（リスト11）。

```
ALTER TABLE
    テーブル名
ADD COLUMN
    カラム名 データ型;
```

今回作成するレポートは次のような要件だったと仮定します。

①店舗ランクは売場面積の分類3つに分類されている。店舗ランク別に1店舗当たりの売上高を表示する

②20〜100平米までをランクC、100〜500平米までをランクB、500平米以上をランクAと呼ぶ

③店舗の平米数データareaは販売管理システムのスキーマSTPの店舗属性表XST_8400C_001[注6]に存在する正の数値である。DWHからもアクセス可能なのでそこから取得すること

先ほどのSQLで、データを格納するカラムができあがりました。続いて、販売管理システムにアクセスして店舗ランクを算出しましょう（リスト12）。データを追加（行を更新）するSQL構文は次の通りです。

```
UPDATE
    テーブル名
SET
    更新するカラム名 = 更新を行う値
FROM
    （更新するデータのSELECT文）エイリアス名[注7]
WHERE
    エイリアスとテーブルの結合条件;
```

最後にレポートを参照します（リスト13）。実行結果は図10のようになります。

注6）テーブル名の一例です。
注7）テーブルやSELECT分の結果に一時的に付加する名称。実際のテーブルのようにSQLの中に記載できる

◆リスト11　ALTERでカラムを追加する

```
--店舗ディメンションに列StoreRankを追加。
ALTER TABLE
    d03_store_001
ADD COLUMN
    storerank CHARACTER(1);
```

◆リスト12　UPDATEでデータを更新する

```
--店舗ランク情報を取得して更新
UPDATE
    d03_store_001
SET
    storerank = sr.storerank
FROM
    (SELECT storeid,
    CASE
        WHEN area < 100 THEN 'C'
        WHEN area between 100 AND 500 THEN 'B'
        ELSE 'A'
    END
        storerank
    FROM
        stp.xst_8400c_001) sr
WHERE
    sr.storeid = d03_store_001.storeid;
```

◆リスト13　売り場別面積ランク別の売上を集計する

```
--売場面積別ランク売上
SELECT
    d03_store_001.storerank,
    SUM(f01_sales_001.amount)/COUNT(DISTINCT f01_sales_001.storeid) amount,
FROM
    f01_sales_001 ,d03_store_001
WHERE
    f01_sales_001.storeid = D03_store_001.storeid
GROUP BY
    d03_store_001.storerank
```

◆図10　リスト13の実行結果

```
storerank  amount
A          52644344.33333
B          20034561.33333
```

◆図11　pgAdminIIIからのCSVエクスポート

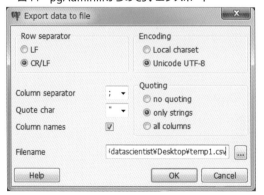

SQLをExcel操作できるようにエクスポートする

さて、最後にこれらのレポートデータをExcelファイルにまとめます。これにはいろいろな方法がありますが、pgAdmin IIIを使用する場合はSQLの実行後に「ファイル」→「エクスポート」からCSV（*Comma Separated Values*; カンマ区切り）出力する機能があります（図11）。

エクスポートしたCSVはExcelで開くことができます。これで簡単な集計分析レポートを作成できるでしょう。

RからSQLを実行する

集計されたデータをデータマイニングに使用していきます。本節では、RからSQLを実行してデータベースに格納されたデータを読み込む簡単なコードを紹介します。

Rからデータベースのデータを読み込む方法にはいくつかありますが、ここではRODBCパッケージを用いた方法を紹介します。

ODBCはデータベースへのアクセスを提供するAPIです。Windowsの場合、コントロールパネルから設定できます。各データベースごとにODBCドライバが用意されているので事前にインストールし、個別のODBCドライバの設定をしてください。今回の例ではPostgreSQL 9.2のODBCドライバ名を「dwh」として作成します。

RODBCはODBCドライバ経由でRからデータベースにアクセスできるパッケージであり、データの参照、書き込みがRからできます。リスト14は、

◆リスト14　Rからデータベースを読み込む方法

```
#DWHを使用してデータベースにアクセス
library(RODBC)
#PostgreSQLにODBC接続する
conn<-odbcConnect("dwh", "user", "password")
# connを使用して、SQLを送信、結果を受け取る
table<-sqlQuery(conn, "SELECT * FROM f01_sales_001")
```

ODBCドライバでSQLを実行して、データを参照するコードです。

データベースの操作で集計、ピボットテーブル化をします。それ以降のデータの前処理、データマイニングはRを使うと効率的でしょう。

最後に

ここまでで、SQLを分析に活用するために最低限必要な知識としてRDBMSでの分析データベースのスキーマとそれに合わせた典型的なレポーティングSQLの書き方を紹介してきました。データサイエンティストの仕事の多くはデータベースのメンテナンスやデータ整備に工数が割かれています。データベース技術を身につけて工数の改善を目指しましょう。

最後に今後知っておくべき知識について解説します。

1. データベース構築方法やデータベースモデリング

データベースの構築方法には正解がなく、インターネットや書籍などでのナレッジが公開されていません。結果として方式に個人差があったり、バッドプラクティスが放置されがちです。まずは、データベースの構築方法に関するベストプラクティスを学びましょう。もしみなさんが、エンタープライズ系システムのデータベースを分析しているのであれば、古典的なデータベースモデリング手法を学びましょう。ラルフ・キンボール氏の「The Data Warehouse Toolkit」は古典的名著で学ぶべきポイントも多いのですが、洋書で時間もかかるため「BIシステム構築実践入門（平井明夫著／翔泳社／2005年／ISBN978-4798109312）」などで概要を押さえておくとよいでしょう。

2. NoSQLやクラウドデータウェアハウス

近年クラウドサービスで分析用のデータベースを構築することが多くなってきました。また、RDBMSではなく、NoSQLのデータベースが増えSQLが利用できないケースも増えてきました。ログデータの分析などもはやRDBMSでの分析が難しいケースも存在するため、近年の分析にはこれらのデータベースの知識が必須です。現在、用途に応じて多様なNoSQLのデータベースが乱立しているため、これを学ぶべきというものは存在しません。幸いにもこれらの分野は新しい分野のため、インターネット上に素晴らしい資料がたくさん公開されています。自らの状況に応じて利用するツールを選び、それについての知識はインターネットで検索しましょう。

3. RDBMSについての知識

この章ではあくまで分析者の立場から必要なSQLを解説してきましたが、以下のような知識も分析のRDBMSを扱うためには必要ですので学んでおきましょう。

- 索引の検討と実装方式について
- データマートもしくはビュー、マテリアライズド・ビューについて
- ウインドウ関数について
- 実行計画の取得とRDBMSのアルゴリズムについて

上記の応用的なRDBMSの知識は実際にみなさんが利用しているRDBMSのマニュアルに記載されています。

Postgre SQL 9.5の場合は以下を参照してください。
URL https://www.postgresql.org/docs/9.5/static/index.html

特別企画 データ分析のためにこれだけは覚えておきたい基礎知識

第2章

Webサイトから情報を収集する技術

Webスクレイピング入門

手元にあるデータとWeb上にあるデータを組み合わせることで、データ分析の質は上がります。ここでは、Pythonを使ってWebからデータを収集するWebスクレイピングの方法を解説します。

ソフトバンク㈱
中川 帝人 *NAKAGAWA Teito* teito.nakagawa@gmail.com TwitterID：@TeitoNakagawa

はじめに

この章ではPythonを使ってWebからデータを収集する方法について解説します。データ分析の質はデータの補完によって上がることがあります。外部データを活用して質の高いデータ分析をはじめましょう。

Webスクレイピングを始める前に

実際にWebスクレイピングを始める前に、まずは欲しいデータがすでにオープンデータ[注1]として公開されているかを確認します。データの質や鮮度の面から考えても、公開されているデータがあればオープンデータを利用しましょう。

Webスクレイピング可能か確認する

これからアクセスするサイトがシステム的にアクセス可能であるか、またどれくらい負荷をかけて良いものか利用規約やRobots.txt[注2]を見て、必ず確認しましょう。

Webスクレイピングに利用できるツール

Webスクレイピングとは、Webから取得したデータから必要な情報を抜き出すことを指します。関連用語として、スパイダリングやクローリングがあり、これらは機械的にWebにアクセス、探索してロボットが情報やデータを収集することを指します。ここではあまり言葉の定義にこだわらずにWebに公開されているデータを収集する方法について解説します。

以前は、スクリプト言語でWebアクセスとスクレイピングを兼ねたプログラムツールを開発する方法が一般的でしたが、近年データの利活用が活発になってきたこともあり、import.ioのようなスクレイピングサービスやscrapyのような本格的な運用を考慮したクローリングツールモジュールも利用されています。取得したいデータが決まったら、次はこれらのツールを選びましょう。

表1はWebスクレイピングのために利用できるツールの一覧です。WebブラウザのようにURLで指定されたリソースにアクセスして取得するWebアクセスのツールと取得したデータから必要な部分を抜き出すスクレイピングツールに分けています。これらは組み合わせる必要がありますが、import.ioのように単一で両方できるツールが存在します。ここでは、Pythonモジュールを中心に記載していますが、Rの場合はRCurlとXMLパッケージを組み合わせるなど、各言語には類似パッケージがあるので、自分の得意な言語を利用しま

注1）企業や自治体がインターネット上に公開しているデータ。多くの場合、自由に利用できるデータのことを指す。
注2）検索エンジンのクローラーに対して、公開するデータの範囲を決めたファイル。読み方については次を参照。
URL https://support.google.com/webmasters/answer/6062596?hl=ja

超入門
データ分析のためにこれだけは覚えておきたい基礎知識

◆表1　Webスクレイピングに利用できるツール

Webアクセス			スクレイピング		
名称	種類	摘要	名称	種類	摘要
urllib2	Pythonモジュール	Pythonの一番基本的なWebアクセスのしくみ	BeautifulSoup	Pythonモジュール	PythonによるHTML/XMLスクレイピングモジュール、lxmlより直感的な操作でスクレイピングできる。タグの自動補完など高度な機能を持っている
Mechanize	Pythonモジュール	プログラム言語上でブラウザを再現するモジュール。セッションの管理などができる。PerlやRubyなど多様な言語で実装されている	lxml	Pythonモジュール	xpathによるXMLスクレイピングモジュール、一度xpathの文法に慣れてしまえば、複雑な条件でも簡単に、短く記述することができる
Selenium WebDriver	Pythonモジュール/ほか	Webアプリケーションのテストツールだが、Webへの機械的なアクセスにも利用できる。実際にブラウザが立ち上がるので、複雑なJavaScriptによる非同期処理を考慮しなければならないサイトへのアクセスに向いている	–	–	–
scrapy	Pythonモジュール	Pythonによるクローリングのためのフレームワーク、手軽とは言えないが、継続的な運用や大規模なスパイダリングに向いている			
import.io	Webサービス/ほか	スクレイピングのWebサービス。GUIのクライアントやAPIでも利用できる。GUIを使って、手軽にデータをダウンロードする用途に向いているが本格的なスパイダリングや、細かな設定に関して融通が利かないところもある			

しょう。必要に応じて、wgetやcurlなどのコマンド[注3]を用いることもできます。

　一番シンプルで基本的な実装は、urllib2でWebページにアクセスして、BeautifuleSoupやlxmlで必要なデータを抜き出すことです。Webへのアクセスについて、セッションの管理など複雑な操作が必要な場合は、Mechanizeを使うことを検討します。また、実際にWebブラウザが起動するため、処理が重くなってしまいますが、JavaScriptなどによる非同期ページの場合は、Selenium WebDriverを利用するのが便利です。PythonやJavaのようなスクリプト言語による実装はもちろん、Firefox上で実際にブラウザを操作した際のマクロを取得して、スクリプトを作成するという手段もお手軽に実行できます。

　大規模なWebスクレイピングはそれだけで1冊の本が書けるほど複雑な処理になります。サイトに負荷を与えないためのキャッシュや、データベースとの連携、運用スケジューラ、無限ループに陥らないためのリンク取得処理、ほかにも考慮すべき事項はたくさんあります。scrapyはこれらのエッセンスが詰まっており、初めて大規模なクローリングを行う人がアンチパターンに陥るのを防いでくれます。

　import.ioはスクレイピングのためのWebサービスで、GUIツールやデスクトップクライアントでWebスクレイピングが簡単にできます。MAGICの機能に欲しいデータを含むサイトのURLを入力すると、自動的に欲しいデータを解釈します。もしこの解釈が正しければ、そのまま1クリックでcsvにダウンロードするか、APIとして利用できます。もちろん修正もできるので、スクレイピングのルールを指定することもできます。

　各ツールにはそれぞれ長所と短所があり、どの方法が良いとは言い切れません。筆者はまず、最初にurllib2とBeautiful Soupやlxmlの組み合わせで利用することをお勧めします。これがもっとも標準的な手法であるため、スクレイピングのしくみを勉強する最初の一歩としては最適でしょう。その後のニーズにあわせてほかのツールを試してみてくださ

注3）さまざまなプロトコルに対応したデータをダウンロードするためのコマンドおよびライブラリ。

第2章
Webサイトから情報を収集する技術
Webスクレイピング入門

い。次節ではurllib2およびBeautifulSoupを使った実例を解説します。

なお、本校は次の環境でテストしています。

- OS：Mac OS X Yosemite
- Python：2.7.9

urllib2による リソースデータの取得

Webスクレイピングの実例（urllib2）

さっそくインターネットからPythonを通じてデータを取得してみましょう。今回はurllib2というモジュールを使います。

リスト1はYahoo!Japanのトップページ（http://yahoo.co.jp）のデータを取得する例です（実行結果は図1）。

最初の#で始まる行はコメントを表す行です。❶はコード自体の文字コードを表します。なお、Webスクレイピングを行う際は、とくに理由がなければUTF-8を使うことをお勧めします。これは

多くのWebサイトはUTF-8で処理されており、文字コードにともなうエラーが少ないためです。❷のimport文で、urllib2モジュールをインポートしています。❸では取得する先のURLを変数urlに代入しています。❹がこのコードの肝です。urllib2のurlopen関数を呼び出し、URLを読み込むことで、Pythonでのファイル入出力と同様にURL内のデータを扱う準備ができます。そして、readを用いて文字列形式でページを取得します。

より高度なページ取得処理

続いて、もう少し高度なページ取得処理を実装してみましょう。リスト2は、Wikipediaから「爬虫類」、「鳥類」、「魚類」の項目を取得して、その記事の文字数をカウントするコードです注4（実行結果は図2）。

リスト2はリスト1と比べて、データの取得にあたって何が変わったのでしょう。主な変更点は次の4つです。

① 日本語文字のURLエンコード
② ユーザエージェントの変更
③ アクセスのディレイをかけている
④ 例外処理を行っている

① 日本語文字のURLエンコード

多くのサイトでは、日本語の文字をURLエンコード注5して使用しています。Wikipediaはその代

◆リスト1　Yahoo!Japanのトップページを取得する

```
# -*- coding: utf-8 -*-❶
#UTF-8で書くようにしましょう

#urllib2をインポート❷
import urllib2

#アクセスするURL❸
url = 'http://yahoo.co.jp'

#URLの内容を取得する❹
html = urllib2.urlopen(url).read()

#内容を表示する
print(html)
```

注4）なお、Wikipediaのデータはデータベース・ダンプでの提供が行われています。実際にデータが必要な方はクローラを利用せずにダウンロードしてください。 URL https://ja.wikipedia.org/wiki/Wikipedia:データベースダウンロード

注5）URL（URI）に使用できない文字をURLに使う際のエンコード方法。

◆図1　リスト1の実行結果

```
<html>
<head>
<meta http-equiv="content-type" content="text/html; charset=utf-8">
<meta http-equiv="content-style-type" content="text/css">
<meta http-equiv="content-script-type" content="text/javascript">
<meta name="description" content="日本最大級のポータルサイト。検索、オークション、ニュース、メール、コミュニティ、ショッピング、など80以上のサービスを展開。あなたの生活をより豊かにする「ライフ・エンジン」を目指していきます。">
<meta name="robots" content="noodp">
<meta name="google-site-verification" content="fsLMOiigp5fIpCDMEVodQnQC7jIY1K3UXW5QkQcBmVs">
<link rel="alternate" href="android-app://jp.co.yahoo.android.yjtop/yahoojapan/home/top">
<title>Yahoo! JAPAN</title>
```

◆リスト2　Wikipediaの記事の文字数をカウントする

```python
# -*- coding: utf-8 -*-
import urllib2
import time

#アクセスするURLベース
base_url = 'http://ja.wikipedia.org/wiki/'
#ユーザエージェント
ua = "Mozilla/5.0 (Windows NT 6.1; WOW64) AppleWebKit/535.7 (KHTML, like Gecko) Chrome/16.0.912.75 Safari/535.7"
#取得したい項目
queries = ['爬虫類','鳥類','魚類']

result = {}
#URLの内容を取得する
for q in queries:
    #URLをエンコードする ❶
    url = base_url + urllib2.quote(q)
    #Requestオブジェクトを作成する ❷
    req = urllib2.Request(url,headers={'User-Agent' : ua})
    try:
        #リクエストを開く
        html = urllib2.urlopen(req).read()
        #結果の文字数をresultに与える
        result[q] = len(html)
        #次のリクエストまで3秒間待つ ❸
        time.sleep(3)
    #HTTPエラー時の例外処理 ❹
    except urllib2.HTTPError, e:
        print 'HTTPエラー'
        print 'エラーコード: ', e.code
    #URLエラー時の例外処理 ❹
    except urllib2.URLError, e:
        print 'URLエラー'
        print '理由: ', e.reason

#各項目の文字数を表示する。
for q in queries:
    print('クエリ:'+q+',文字数:'+str(result[q]))
```

◆図2　リスト2の実行結果

```
クエリ:爬虫類,文字数:79149
クエリ:鳥類,文字数:646261
クエリ:魚類,文字数:180921
```

表例と言えるでしょう。「爬虫類」のページURLは次のとおりです。

http://ja.wikipedia.org/wiki/%E7%88%AC%E8%99%AB%E9%A1%9E

「%E7%88%AC%E8%99%AB%E9%A1%9E」の部分はUTF-8の「爬虫類」をURLエンコードした文字列です。urllib2.quote関数は引数で与えた文字列をURLエンコードする関数です。❶で各項目をURLエンコードしています。

②ユーザエージェントの変更

urllib2ではユーザエージェント[注6]のデフォルトは"Python-urllib/x.y"に設定されています。x.yはバージョン番号を表します。Wikipediaはこのエージェントからのアクセスを受け付けていません。そこで、コード内でユーザエージェントを変更する必要があります。

ユーザエージェントの変更にはRequestオブジェクトを利用します。Requestオブジェクト作成の際に、urlとheaders辞書を渡します。このときのheadersに'User-Agent'を表す文字列が指定できます。❷では、Chromeを表す文字列「ua」[注7]を'User-Agent'に指定しています。このRequestオブジェクトをurllib2.urlopenに渡すことにより、ユーザエージェントがChromeのものと同様になりWikipediaにアクセスできます。

③アクセスのディレイをかけている

機械的なアクセスが許されているサイトであっても、単一のサイトに負荷をかけるのはマナー違反です。先の例ではtimeモジュールをインポートして❸time.sleep関数でリクエストごとに3秒のディレイをかけています。

④例外処理を行っている

本コードのようなシンプルなWebスクレイピングの例では必要ありませんが、もしみなさんが本格的なクローラーを作成するのであれば、例外処理の実装が必要になります。上記の例では❹でURLエラーとHTTPエラーをキャッチする処理を追加しています。HTTPエラーを検出した際はそのコードが出力されます。

BeautifulSoupによるデータの検索、取得

先ほどの節でWebからデータが取得できました。この節では、Webページをパースして目的のデータを取得してみましょう。今回はBeautifulSoupとい

注6) アクセスしているブラウザやソフトウェアのこと。
注7) uaには筆者の利用しているChrome環境、バージョンを表す文字列を代入している。

第2章 Webサイトから情報を収集する技術
Webスクレイピング入門

◆図3　Wikipediaの技術評論社のページ

◆リスト3　❶部分のHTMLソース

```
<table class="infobox" style="width:22em; width: 25em;">
  <caption>
    株式会社技術評論社
    <br>
    <span lang="en" style="font-size:90%;" xml:lang="en">Gijutsu-Hyohron Co., Ltd.</span>
  </caption>
<tbody>
<tr>...</tr>
<tr>...</tr>
<tr>...</tr>
<tr>...</tr>
<tr>...</tr>
<tr>...</tr>
<tr>...</tr>
<tr>
        <th scope="row" style="text-align:left; white-space:nowrap; text-align: right;">売上高</th>
        <td>39億円 (2012年3月期) </td>
      </tr>
<tr>...</tr>
<tr>...</tr>
<tr>...</tr>
<tr class="noprint">...</tr>
</tbody>
</table>
```

うモジュールを使って、Wikipediaのページから、企業の売上高を取得するプログラムを作成します。

HTMLソースの確認

まずはWikipediaのHTMLソースを確認して、目的のデータがHTMLの何の要素に格納されているか確認します。図3は技術評論社のWikipediaのページです（2013年7月11日時点のものを使用）。

図3の❶に売上高のデータが入っています。Wikipediaではほかの企業も同様にこのような枠が用意されています。リスト3は、図3-❶内のHTMLソースです。

目的のデータである売上高情報は、`class`属性に`"infobox"`が指定されている`table`タグの中にあります。この`table`が先ほどの❶の部分です。さらに`th`タグ内の見出しが「売上高」の`td`属性を探します。このようにWebサイトをスクレイピングする際は、HTML内で目的のデータをソースから見つけて取得します。

HTMLソースからデータを取得

前節と同様の手順で取得したHTMLオブジェクトをパースして、売上高の情報を取得するコード

137

特別企画
超入門
データ分析のためにこれだけは覚えておきたい基礎知識

◆リスト4　技術評論社の売上高を取得する例

```python
# -*- coding: utf-8 -*-
import urllib2
import BeautifulSoup
import time

#アクセスするURLベース
base_url = 'http://ja.wikipedia.org/wiki/'
#ユーザエージェント
ua = "Mozilla/5.0 (Windows NT 6.1; WOW64) AppleWebKit/535.7 (KHTML, like Gecko) Chrome/16.0.912.75 Safari/535.7"
#取得したい項目
queries = ['技術評論社']

#売上高を取得する❶
def extractSaleAmount(html):
    #BeautifulSoupオブジェクトを作成する❷
    soup = BeautifulSoup.BeautifulSoup(html)
    #infoboxのtableを取得❸
    table = soup.find('table', attrs={'class':'infobox'})
    #売上高を含むthオブジェクトのインデックスを返す❹
    index = map(lambda x:True if x.contents[0].find(u'売上高') > -1 else False,table.findAll('th')).index(True)
    #売上高を含むtdタグにアクセスする❺
    return table.findAll("td")[index].contents[0]

result = {}
for q in queries:
    url = base_url + urllib2.quote(q)
    req = urllib2.Request(url,headers={'User-Agent' : ua})
    try:
        html = urllib2.urlopen(req).read()
        salesamount = extractSaleAmount(html)
        print(salesamount)
        time.sleep(3)
    except urllib2.HTTPError, e:
        print 'HTTPエラー'
        print 'エラーコード: ', e.code
    except urllib2.URLError, e:
        print 'URLエラー'
        print '理由: ', e.reason
```

◆図4　リスト4の実行結果

```
39億円 (2012年3月期)
```

がリスト4です(実行結果は図4)。

❶のextractSaleAmountメソッド以外はリスト2と基本的に同じコードです。

extractSaleAmount内ではURLのHTML文字列を受け取って、❷でBeautifulSoupオブジェクトを作成しています。これは、パース済みのHTMLオブジェクトです。BeautifulSoupは、パースされたオブジェクトに対してツリー構造内で指定したコンテンツを検索して取得します。

❸では、find関数を用いてclassが「infobox」のtableタグを指定して検索をしています。find関数は指定された条件のタグを1つだけ返します。

❹では、trタグの中でthタグが「売上高」になっ

ているインデックス番号を取得していきます。`table.findAll('th')`では、infoboxのtable内のthタグをリストですべて取得します。

これに対してmap内のlambda式で、そのコンテンツに売上高という文字列が含まれているならTrue、そうでないときFalseを返すメソッドを適用し、それぞれの結果を取得しindex関数に渡します。

indexには売上高を示す情報がinfoboxのtable内で何行目に格納されているかという情報を取得します[注8]。

❺では先にindexで取得したtdタグのコンテンツを返しています。

BeautifulSoupでのオブジェクト検索方法

BeautifulSoupでのオブジェクトに対してのアクセスや検索方式の例がリスト5です。このようにBeautifulSoupを用いると、さまざまな方法でHTML内の要素にアクセスできます。

lxmlによるデータのxPathを用いた検索、取得

上記では、BeautifulSoupを用いた要素の取得方法を紹介しました。HTMLの要素取得方式としてはしばしばxPathを使うことがあります。xPathはXML構造から特定の要素やコンテンツを抜き出すための言語構文です。モジュールlxmlを使用すると、HTMLをパースして指定したxPathに対応した要素を取得できます。

リスト6は、リスト4のextractSaleAmountの実装をlxmlに置き換えたコードです。❶で、HTMLを`lxml.html.fromstring`にUnicode形式のHTMLコンテンツを引き渡してパースした結果をrootに与えています。このrootはHTMLのルートに値するオブジェクトです。❷は、xPathのクエ

注8) この場合は、1つのtrタグに対して1つのthタグ、tdタグが存在すると仮定しています。

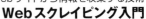

◆リスト5　BeautifulSoupでのオブジェクトの検索方法

```
# -*- coding: utf-8 -*-
import urllib2
import BeautifulSoup
#アクセスするURLベース
base_url = 'http://ja.wikipedia.org/wiki/'
#ユーザエージェント
ua = "Mozilla/5.0 (Windows NT 6.1; WOW64) AppleWebKit/535.7 (KHTML, like Gecko) Chrome/16.0.912.75 Safari/535.7"
#URLをエンコードする
url = base_url + urllib2.quote('技術評論社')
#リクエストオブジェクトを作成する
req = urllib2.Request(url,headers={'User-Agent' : ua})
#リクエストを開く
html = urllib2.urlopen(req).read()
#BeautifulSoupオブジェクトを作成する
soup = BeautifulSoup.BeautifulSoup(html)
#infoboxのtableを取得
table = soup.find('table', attrs={'class':'infobox'})
#1. タグ名を取得する
print u"1. ", table.name
#2. 属性を取得する
print u"2. ", table.attrs
#3. trタグにアクセスする
print u"3. ",table.tr
#4. trタグ直下のaタグにアクセスする
print u"4. ",table.tr.a
#5. 属性名のみで検索を行う
print u"5. ",table.find('th', attrs={'style':"text-align:left; white-space:nowrap; text-align: right;"})
#6. 直下のタグのみ検索を行う
print u"6. ",table.findAll('a',Recursive=False)
#7. 次の次の要素へ移動を行う
print u"7. ",table.tr.nextSibling.nextSibling
#8. 下の要素へ移動を行う
print u"8. ",table.tr.nextSibling.nextSibling.contents[3]
#9. 親の要素へ移動を行う
print u"9. ",table.tr.nextSibling.nextSibling.contents[3].parent
```

◆リスト6　Wikipediaの記事の文字数をカウントする

```
# -*- coding: utf-8 -*-
import urllib2
import lxml
import lxml.html

#売上高を取得する
def extractSaleAmount2(html):
    #HTMLをパースする❶
    root = lxml.html.fromstring(html.decode("UTF-8"))
    #xPathのクエリ❷
    q = u'//table[@class="infobox"]//th[text()="' + u'売上高' + u'"]/../td'
    #クエリにマッチする要素の取得する❸
    elements = root.xpath(q)
    #第一要素の本文を取得する❹
    t = elements[0].text
    return t
```

リです。HTMLのルートからclassがtableタグよりも下の階層に存在する、thタグの中で本文が「売上高」のものの1つ上の階層（trタグ）の下にあるtdタグを指定するxPathになります。これを先のrootのxpathメソッドに与えています。この結果、❸のelementsにはマッチングする要素のリストが与えられるので、❹で、その最初の要素の本文を取得し、戻り値として返しています。

　xPathは慣れるまでに時間がかかりますが、一度慣れてしまえばHTMLの特定の要素をすばやく抽出できます。この方式は、スクレイピングのコードを何度も書くような方にはメリットが大きいでしょう。

import.ioを用いたwebスクレイピング

最後にこの節では、import.ioを用いたWebスクレイピングの方法について説明します。

先ほどの節では、Wikipediaの技術評論社のページから売上高を取得するスクリプトを記載しました。これを複数の出版社で比較したいと思ったときには、Wikipediaにおける出版社のページのリンクが必要になります。この情報はWikipediaの日本の出版社一覧のページから抜き出すことができます（図5）。

Pythonでもこの情報を取得できますが、ここではimport.ioを用いることにします。

import.ioはこれまでに紹介したPythonのモジュールのようなツールとは異なり、有料のWebサービスです。単純にコードを書いて利用するわけではなく、サービスにサインアップする必要があります。利用形式にはWebアプリと専用デスクトップアプリの2つの形式でサービスを利用できます。プログラミングとは異なり、GUIベースでお手軽にWebスクレイピングを実行できます。また、その操作も直感的でWebページから欲しいと思う要素をクリックするだけです。

まずはimport.ioにアクセスして、サービス利用のアカウントを作成しましょう。

🔗 https://www.import.io/

有料のプランと無料のプランがありますが、今回のような基本的なWebスクレイピングを利用するだけであれば、無料のプランでも十分です。アカウントを作成したら、製品のページ注9から、デスクトップアプリをダウンロードしてください。デスクトップアプリを起動してサインインすると、ダッシュボード画面が表示されます。これはimport.io上で自分の作成したWebスクレイピングの設定の一覧が表示されている画面です（図6）。

画面右上の[New]ボタンを押して、Webスクレイピングのためのひな形となる方法を選択します（図7）。ここでは、もっとも基本的なExtractorを選

注9）🔗 https://www.import.io/download/

◆図5　日本の出版社一覧

◆図6　ダッシュボード画面

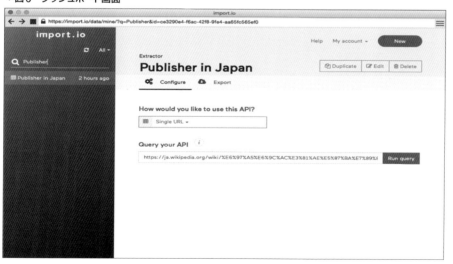

第2章 Webサイトから情報を収集する技術
Webスクレイピング入門

◆図7　Webスクレイピングのひな形を選択

択します。なお、それぞれの手法は次のような違いがあります。

- Magic：簡単な操作でWebスクレイピングができるツール。import.io側で自動的に判断してデータを抽出する。初心者向け
- Extractor：4つの中で一番、基本的なWebスクレイピングツール
- Crawler：クローリングしながらWebスクレイピングするツール。事前にスクレイピングを行う対象となるサイトのリンクがわかっていないときに利用する
- Connector：同一ページURL内にて取得したいデータが複数あるときに利用するツール。ユーザによるブラウザの操作をマクロを利用して記録、データを取得する

Extractorを選択したあと、Webブラウザ画面が表示されます。アドレスバーに取得元である先ほどのWikipdeiaのURLを入力、[enter]キーを押してページを表示します。なお、この時点で入力しているURLはあくまでもサンプルURLです。ここで作成する抽出ロジックは別のページでも実施できます。

[EXTRACTION]ボタンを押して、OFFからONに切り替えると、該当ページ内でのWebスクレイピングの設定画面に切り替わります（図8）。

[EXTRACTION]ボタンの隣にあるカラム名を変更します。ここでは、デフォルトの[my_column]から[publisher]に変更します。

　import.ioでは、このブラウザ内に表示されているページから取得したいデータの要素をクリックして選択すると、import.io側で自動的に必要なデータを判断して、テーブル形式でデータを抽出してくれます。この場合、データの要素は各出版社になります。これがテーブルの1行を表します。先ほど変更したカラム名は、このデータの要素である行が持つ属性値、つまり列の名前です。

　データ型をTEXT型からLINK型に変更します（図9）。import.ioでは抽出する属性に応じて文字列型や画像などの複数の型が用意されています。出版社のリンクを抽出したいため、LINKに変更しています。

　ブラウザ内にて取得要素と考えられるものにマウスカーソルを当てると、その要素が黄色の枠で囲われるので、必要な要素にカーソルを合わせて選択します。選択すると、[Just one row]と[Many rows]を選択する画面が表示されます（図10）。1つのページに要素が1つしかない場合は前者を複数ある場合は後者を選択します。複数の出版社が1ページに存在するので、ここは後者を選択します。

◆図8　Webスクレイピング設定画面への切り替え

◆図9　データ型の変更

◆図10　取得要素の選択

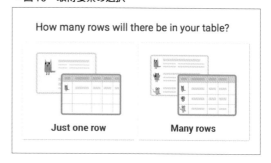

ここまで選択すると実際に取得できるデータのサンプルが画面上部に表示されます（図11）。

問題がある場合は、さらに同一ページ内にある要素の例をマウスで選択するか、（Advanced Settings）ボタンを押してxPathで直接指定して必要な要素をimport.ioに判断させる（図12）ことができます。

このimport.ioの要素判定はクリックの順番や位置などに応じて変わりやすい傾向があるので、注意します。正しい要素が取得できていることを確認したら[Done]をクリックします。この設定に「Publisher in Japan」と名前をつけて保存（Publish）します（図13）。

Dashboardページ（図6）にて作成した「Publisher in Japan」を選択した状態で、[Download]をクリックしてCSVまたはJSONで当該ファイルをダウンロードできます。同一画面にある、[How would you like to use this API?]では抽出元となるURLの指定方法が設定できます。多くの場合、一度作ったExtractorは複数のページで利用することになると思います。このような場合、[Single URL]ではなく、[Bulk Extract]を指定します。また、今回のようにimport.ioにて抽出したURLを元に、さらに別のurlからデータを抽出したい場合は、[URLs from another API]を利用します。Bulk ExtractやURLs from another APIを利用するときはディレイ制限ができないのでご注意ください。

最後に

以上、Pythonを中心にWebスクレイピングの実例を解説しました。

多くの分析プロジェクトでははじめから本当に必要なデータが入手できることはまれです。Webスクレイピングを利用して、手元のデータを補うことができれば、データ分析のクオリティは格段に上がるでしょう。今回、紹介したコードはごく初歩的なもので実際にはより複雑なコードを書く必要がありますが、どのようにしてWebスクレイピングを行うのかというイメージは持っていただけたのではないでしょうか。

最後にWebスクレイピングは、第三者のサイトやデータベースにアクセスします。くれぐれも利用規約やマナーを遵守した上、自己責任でWebスクレイピングの実装をしてください。

◆図11　データのサンプル

◆図12　xPathでの指定

◆図13　Publish

特別企画 データ分析のためにこれだけは覚えておきたい基礎知識

第3章

ビジネスを加速させるBIツール
Tableau実践入門

この章では、可視化ツールの代表であるTableauを紹介します。基本的な操作方法から実際の使い方、ちょっとした工夫や注意点などを交えながら解説していきます。

DATUM STUDIO株式会社
中原 誠 *NAKAHARA Makoto*　TwitterID：@MakotoAnalysis　GitHub：bluemoon-eggplant
DATUM STUDIO株式会社
長岡 裕己 *NAGAOKA Hiroki*　h.nagaoka@datumstudio.jp

Tableauの基礎知識

ここではTableauの機能・特徴、製品情報、価格を紹介します。

Tableau（タブロー）とは

Tableauとは、現在のビジネス環境をさまざまな角度から切り取ったデータを可視化するBI（*Business Intelligence*）ツールです。製品はタブローソフトウェア社が販売しており、日本のビジネスシーンにおいても急速に存在感を高めているツールとして注目されています。次が公式Webページです。

 http://www.tableau.com/ja-jp

機能・特徴

Tableauの主な機能・特徴として、次が挙げられます。

- 簡単な操作性
  ドラッグ＆ドロップで、データを操作できます。
- 美しいビジュアライゼーション機能
  ユーザがカスタマイズしなくても、美しい可視化を実現できます。
- 豊富な接続データソースバリエーション
  データベースなどからダイレクトにデータを取得できます。
- 一覧性を高めるデータの統合機能
  複数の分析内容を統合し、分析ダッシュボードとして運用できます。

操作性、閲覧性が高いため、分析ツールだけでなく、プレゼンテーションツールやKPIダッシュボードとして活用できます。

製品情報

Tableau製品は大きく分けて4つあります。ここでそれぞれについて、説明します。以降の製品情報、および価格については、2016年6月時点の情報です。

■Tableau Desktop

Tableau製品でさまざまな環境を構築する際に、必ず必要になるソフトウェアです。ローカルで動作するアプリケーションで、データへの接続、データ操作、可視化、分析などができます。ProfessionalエディションとPersonalエディションの2種類があります。Personalエディションは**接続できるデータソースが限定**されていたり、あとに説明する**Server版・Onlien版との連携ができない点**、ご注意ください。次はProfessionalエディションにてのみ扱えるデータソースの例です。

- MySQL
- Googleアナリティクス
- Google BigQuery
- Amazon Redshift

■Tableau Reader

こちらもDesktop版と同種のアプリケーションですが、Desktop版で作成されたファイルを閲覧す

ることを目的としたソフトウェアです。ですので、データの接続、操作はできません。

■ Tableau Server

主に、複数人のチームで分析結果をシェアする際などに活用します。Desktop版で作成されたファイルをアップロードする形でServer版に同期できます。同期された内容については、チームメンバーがWebブラウザから閲覧・編集できるようになります。

■ Tableau Online

Server版のクラウドバージョンです。Server版は、自社内にサーバを立てる必要があるのに対して、このOnline版はその必要がありません。しかし、扱えるデータ量の制限があるため（ストレージ容量100GB）、用途によってはServer版を検討する必要があります。

● 価格

それぞれの価格について表1にまとめます。

● まとめ

個人でのデータ操作、プレゼンテーションツールとして活用するのであれば、Desktop版を利用し、チームメーバーへ展開、およびKPIダッシュボードとして活用するであれば、Desktop版に加えて、Server版・もしくはOnline版の導入が必要です。なお、有償製品については、トライアルとして2週間の無償利用ができます。まずは、試しに使ってみて、Tableauが自分の分析目的にそった

ツールかどうか判断するのが良いでしょう。次の節では、Tableauにおけるデータ分析の起点となるDesktop版に焦点を当てて、そのダウンロードから操作方法について説明していきます。以降の解説ではProfessionalエディション、かつ、バージョン9.3.1の利用を想定しています。

インストールとデータへの接続

分析環境を構築するために、Desktop版のダウンロード、および分析するデータへ接続しましょう。

● ダウンロードと起動

Desktop版のダウンロードは、次のWebページを開くと自動的に始まります。

- Tableau Desktop ダウンロード
  URL http://www.tableau.com/ja-jp/products/desktop/download

ダウンロードが完了したら、ファイルを開いてインストールしましょう。氏名やメールアドレス、電話番号、住所、所属団体の情報がインストール時に入力必須です。

■ 起動

まず、インストールしたDesktop版アプリケーションを起動しましょう。図1の画面が表示されます。
起動画面は左から次のような構成になっています。

◆表1　Tableau製品の価格

製品	価格	補足情報	URL
Tableau Desktop Professionalエディション	24万円。1ユーザあたりの金額で、買い切り型	—	http://www.tableau.com/ja-jp/products/desktop
Tableau Desktop Personalエディション	12万円。1ユーザあたりの金額で、買い切り型	—	
Tableau Reader	無料	—	http://www.tableau.com/ja-jp/products/reader
Tableau Server	10ユーザの利用から（10,000米ドル）	要問い合わせ	http://www.tableau.com/ja-jp/products/server
Tableau Online	1ユーザあたり年間6万円	—	http://www.tableau.com/ja-jp/products/cloud-bi

- データへの接続
- 過去に開いたワークブック、サンプルワークブック、一覧
- チュートリアルやトピックス

「ワークブック」とは、Tableau Desktopのファイルを意味します。まずは、「接続」フィールドからTableauに取り込みたいデータソースを選択しましょう。Professionalエディションであれば、40種類ものリストから選択できます。以降では次のような例について、説明していきます。

- ローカルファイルからデータを取得する
  CSVファイルの取り込み。
- データベースからデータを取得する
  PostgreSQLへの接続、およびデータ取得。

ローカルファイルからデータを取得する

ローカル環境にあるファイルをTableauに取り込んでみましょう。ここでは、CSVファイルを扱います。

■ファイルの指定

接続フィールドにある「テキストファイル」を選択してみましょう。ファイルを選択する画面が立ち上がりますので、取り込みたいファイル名を指定しましょう。ファイル名を選択すると、図2の画面が表示されます。

この画面で、分析データセットを作っていきます。次は図2の番号に一致する項目の説明です。

❶ データラベル

作成するデータセットに名前を付けることができます。1つのワークブックに複数データを取り込むことができ、わかりやすいデータ名にしておくとあとで混乱せずに済みます。

❷ ファイル情報

取り込んだファイルと同じディレクトリに入っているファイル一覧が表示されます。

❸ 取り込みデータ

分析データを作るフィールドです。ファイル取り込むときに「customer_master.csv」を選択しています。ファイル名をドラッグ&ドロップすることで、ファイルの追加・削除ができます。

❹ 取り込みデータの閲覧

分析データを確認するフィールドですデータ型の変更や列名を変更できます。

❺ 接続形式

データへの接続形式を選択をします。Tableauの操作性を大きく左右する設定のため、本節の最後に説明します。

❻ フィルタ

データの行に対してフィルタをかけることができます(図2の場合、「gender列をFに絞る」といったフィルタができます)。ワークシートにも同様のフィルタ機能はあります。取り込むデータ量を少なくしたいときに利用しましょう。

❼ ワークシートに移動

図2はワークブックにおいて、「データソース」画面という位置付けです。データを用いて分析する際には、「ワークシート」に移動します。ワークシートでの操作

◆図1 Tableau Desktopの起動画面

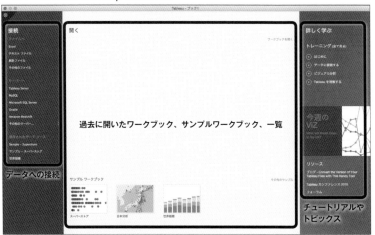

特別企画
超入門
データ分析のためにこれだけは覚えておきたい基礎知識

方法は次章で説明します。

画面の構成が把握できたところで、いくつか分析データを作る上でのユースケースを挙げてみます。

● **複数のファイルを
キー列で横結合したい**

横結合したいファイルをドラッグ＆ドロップで「取り込みデータ」フィールドに移動させましょう。結合キー列名がファイル間で一致している場合、自動的に横結合されます（図3）。ファイルをつなぐコネクタを選択することで、キー列の変更や追加、結合方法を変更できます。

● **月別で分かれている
複数のファイルを
縦結合したい**

「ファイル情報」フィールドの下にある「ユニオンの新規作成」をダブルクリックしましょう。立ち上がったフィールドに、縦結合したいファイルをドラッグ＆ドロップで移動させて完成です（図4）。

● **既存の列を利用して、
新しい列を定義したい**

既存の列を利用して、新しい列を定義したい

たとえば、図2で取り込んだ「customer_master.csv」について、「gender」列のデータを条件分岐させて、男性・女性の情報をgender2という列に定義したい場合を考えます。

◆図2　CSVファイルを取り込んだ例

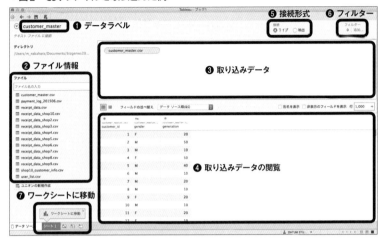

◆図3　ファイル同士をキー列で横結合する

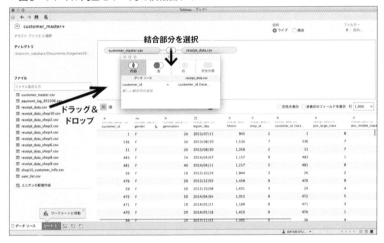

◆図4　ファイル同士を縦結合する

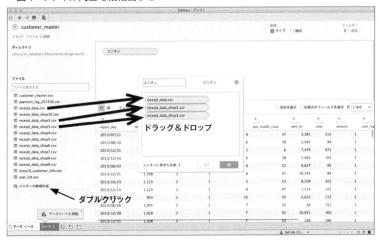

第3章
ビジネスを加速させるBIツール
Tableau実践入門

◆図5　オプションの選択（計算フィールドの作成）

◆図6　列の定義式を記述

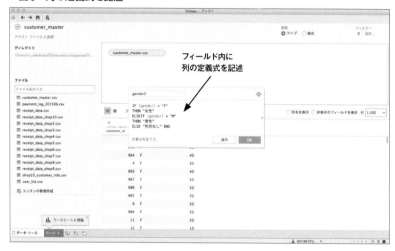

◆図7　新しい列が定義される

「取り込みデータの閲覧」フィールドでgender列名にカーソルを合わせると、右上に▼マークが出現します。このマークを選択すると、いくつかオプション選択項目が出てきます（図5）。オプションの「計算フィールドの作成」を選択すると、計算フィールドが立ち上がるので、そこに式を記述して完了です（図6、図7）

ほかに、列同士を演算し、新規列を作成することもできます。この操作は、ワークシートでもできますが、分析データを直接確認できる「データソース」画面で行うのがお勧めです。

データベースからデータを取得する

データベースからデータを取得する場合、ローカルから取得する場合と異なるのは、接続情報を入力する点です。それ以外の分析データのつくり方は共通部分が多いため、説明を省略します。ここでは、PostgreSQLを扱います。

■接続情報を入力する

起動画面の接続フィールドから、PostgreSQLを選択すると、図8のように接続情報を入力する画面が立ち上がります。

正しく接続情報を入力しているのにエラーが出る場合は、エラー画面に出てくる「詳細を確認する」を選択して、エラーの原因を確認するのが良いでしょう。もし、ドライバのインストールを案内された場合はメッセージ内にあるリンクを選択して、必要なドライバをインストールしましょう。

無事に接続できたら、図9のようにテーブル一

特別企画
超入門
データ分析のためにこれだけは覚えておきたい基礎知識

◆図8　PostgreSQLの接続情報を入力する

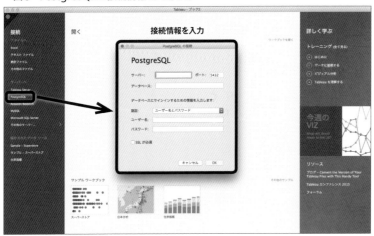

◆図9　PostgreSQL接続完了状態

◆図10　カスタムSQLクエリの編集と結果のプレビュー

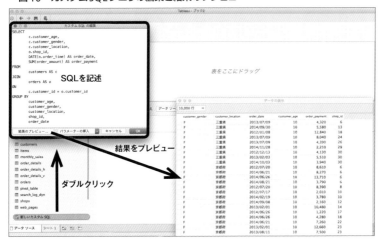

覧が表示されます。

分析データは「取り込みデータ」フィールドにテーブルをドラッグ＆ドロップすることで取得できますが、「新しいカスタムSQL」をダブルクリックし、SQLクエリを記述することでも取得できます（図10）。

カスタムSQLの編集でOKをクリックすれば、データの取り込みは完了です。

● データの接続形式

Tableauからデータへの接続タイプとして、**ライブ**と**抽出**の2つがあります。データが少ない場合はあまり処理時間の差は感じられないと思います。しかし、データ量が多くなると、抽出を選択した方が処理時間、および接続先にかかる負荷の面で有利でしょう。なお、「抽出」をクリックし、ワークシート1に移動しようとすると、.tdeという形式のファイルの保存を要求されます。これは、取得したデータを分析対象データとして保存し、データソースに逐一問い合わせないようにすることで、高速なデータ分析を実現するためのしくみです（図11）。

◆図11 抽出を選択し、シート1へ移動する際に、抽出データを保存する

- 表示形式
- シート追加・移動
- データソース一覧

　データの基本操作は、「シート追加・移動」でワークシートを追加し、「ディメンション・メジャー管理」にあるラベルを「データドロップ」にドラッグ＆ドロップし、「表示形式」を活用してグラフ形式を決める、という流れになります。
　データ操作の際に必要な概念やデータ操作方法について説明します。

データ操作の肝 〜ワークスペースを理解する

　ここまでで分析データの用意ができました。本節では実際にデータを操作してみましょう。

ワークスペースの基本配置

　図12はワークスペースの基本配置です。ワークスペースを操作する上で、重要なフィールドは大きく次の5つがあります。

- ディメンション・メジャー管理
- データドロップ

◆図12 ワークシートの基本配置

ディメンションとメジャー

　Tableauのデータ操作において、ディメンションとメジャーは非常に重要な概念です。データを読み込んだ時点で、数値の列はメジャーに、文字・日付の列はディメンションに、と自動的に振り分けてくれます。

■ディメンション

　データを見る軸をディメンションと呼びます。Excelであれば、ピボットテーブルにおける縦軸・横軸に配置されるもの、SQLであれば、GROUP BY句に指定されるもののイメージです。数値の属性で言うと、商品名や日付といった離散値がディメンションとして設定されます。

■メジャー

　軸ごとに比較する値にあたるものがメジャーです。Excelであればピポッドテーブルの中身に入るもの、SQLであれば、GROUP BY句で指定されたカラムごとに演算されるもののイメージです。数値の属性でいうと、売上数値や人数といった、連続値がメ

ジャーとして設定されます。

図12において、メジャーに配置されている、customer_age（年齢）とshop_id（店舗番号）は離散値として扱いたいので、ディメンションにドロップ＆ドラッグで移動させます（図13）。

● ワークシート管理

「シート追加・移動」フィールドで、ワークシートを追加、移動できます。また、前節で設定したデータソース画面に戻り、データソースを編集することもできます。なお、このフィールドで「ダッシュボード」、「ストーリー」の追加もできますが、この機能の説明はあとの節で紹介します。

● データソース追加

データソースの追加は、上にあるプラス（+）ボタンを選択して追加します。同じデータベースなどから取得する際は、「データソース一覧」にあるソースを右クリックし、「複製」を選び、編集します（図14）。

このデータソース一覧フィールドにあるソースをダブルクリックすることで、データソースの詳細画面へ移動できます。移動したあと、用途に応じて、取得データを変更します。追加後、データソースの切り替えは、「データソース一覧」にてソースを選択することでできます（図15）。

データの特徴を捉える 〜さまざまなデータ可視化

本節では、Tableauが最も力を発揮するデータの可視化機能を解説します。

● 列と行とマーク

データを可視化する上で、行と列とマークの役割を把握しておきましょう。

- 行エリア：表、グラフの縦軸
- 列エリア：表、グラフの横軸
- マークエリア：グラフの形や色

マークエリアでは、データラベルを各パネル上にドラッグ＆ドロップすることで、グラフ内に値を表示させたり、グラフの凡例別に色をつけたりもできます。

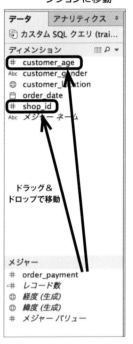

◆図13 メジャーをディメンションに移動

◆図14 データソースの追加

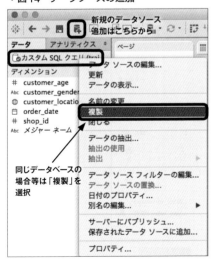

同じデータベースの場合等は「複製」を選択

◆図15 データソースの変更

第3章
ビジネスを加速させるBIツール
Tableau実践入門

■仮想データについて

よりグラフ作成のイメージが湧きやすいよう、ここでは小売店を想定した2つのデータを扱います。

- 顧客の年齢・性別・在住都道府県・店舗id・購入日、別の売り上げデータ（図16）
- ユーザidごとの、商品の購入個数、購入額データ（図17）

◆図16　データ1

◆図17　データ2

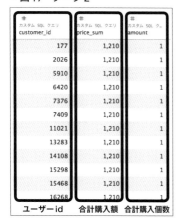

◆図19　日付データの単位を決める

折れ線グラフ

時系列の売り上げを把握するために、データ1を利用して、横軸に年月、縦軸に売り上げ合計の折れ線グラフを作成してみます。

まずは日付データである「order_date」を横軸である列エリアにドロップします（図18）。

◆図18　折れ線グラフの横軸を決める

日付軸は最初「年」単位でまとまってしまうため、データラベルの右側の▼を選択し、横軸をyyyy年mm月の形式にします（図19）。

最後に、縦軸に売り上げデータである「order_payment」を行エリアにドロップします。自動でTableauが折れ線グラフにしてくれたら、完成です。もし、折れ線グラフが表示されない場合は、マークエリアのグラフ形を「線」にセットしましょう（図20）。

■グラフに値ラベルを表示する

縦軸に設定した「order_payment」をマークエリアの「ラベル」上にドロップすることで、グラフ上のポイントに売り上げが表示できます（図21）。

151

特別企画
超入門
データ分析のためにこれだけは覚えておきたい基礎知識

◆図20　折れ線グラフの縦軸を決める

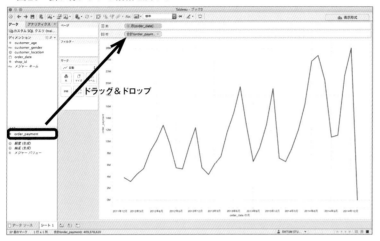

◆図21　グラフ内にラベルを付与

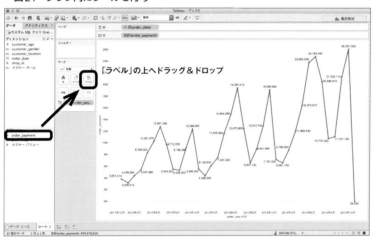

◆図22　グラフに凡例付与

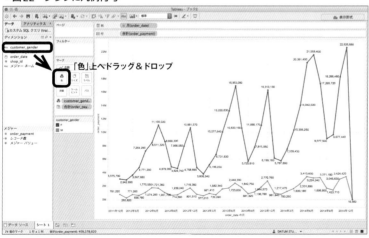

■凡例ありの折れ線グラフ

凡例ありの折れ線グラフを作成する場合は、凡例にしたいデータラベルをマークエリアの「色」の上にドロップすることでできます。この場合は、「customer_gender」を凡例にします（図22）。

●棒グラフ

年齢別の売り上げを把握するために、データ1を用いて横軸に年齢、縦軸に売り上げ合計の棒グラフを作成してみます。

基本的には折れ線グラフと同じ手順ですが、マークエリア内のグラフ形を「棒」に指定する点がポイントです（図23）。

●円グラフ

円グラフは、データの割合を可視化するための手法として用いられます。ここではデータ1を用いて男女別の売り上げ比率を可視化してみます。

■グラフのベースを作成する

まず、男女別売り上げの棒グラフを作成します。ワークシート内右の「表示形式」にある「円グラフ」を選択すると（図24）図25のような図が作成できます。

第3章
ビジネスを加速させるBIツール
Tableau実践入門

◆図23 棒グラフを作成する

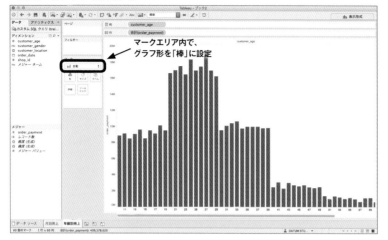

◆図24 円グラフを作る準備

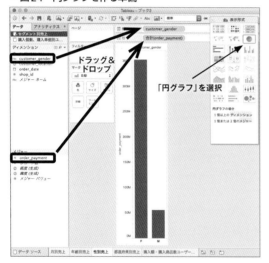

◆図25 円グラフを作る

■ラベル付け

最後に、円グラフにラベル付けします。まずは「customer_gender」をマークエリアの「ラベル」の上にドロップし、男女ラベルを付与します。続いて男女別のパーセンテージも表示させます。「order_payment」を同じくマークエリアの「ラベル」上にドロップすることで、男女別の売り上げが表示されます。ドロップしたのち、データラベルにカーソルを合わせて出てくる▼を選択し、「簡易表計算」→「合計に対する割合」を選択することで、円グラフ内にパーセンテージ値が表示されます（図26、図27）。

● 地理情報を用いたグラフ

データ1には、都道府県情報が入っているので、地図上にデータをマッピングする可視化ができます。ここでは、県別の売り上げを可視化してみましょう。

■データに地理的役割を持たせる

地理情報をTableauに認識させるために、地理情報が入っているデータ列の型を修正する必要があります。「customer_location」列のデータラベル右にある▼を選択し、「地理的役割」（都道府県情報）から「州」を選択します。これで、この列は地理的役割を持つ列として扱えるようになりました（図28）。

■データをマッピングする

円グラフと同様に操作します。まずは県情報と売り上げ情報をプロットし、次に「表示形式」から「色塗りマップ」を選択します（図29）。これで県別の売上をヒートマップで表現できました（図30）。

153

特別企画
超入門
データ分析のためにこれだけは覚えておきたい基礎知識

◆図26　円グラフの割合を表現する値をパーセンテージに変更

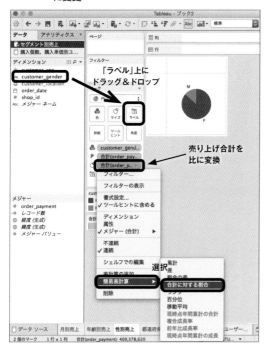

◆図27　円グラフの完成

◆図28　地理データへの変更

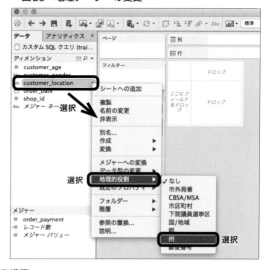

散布図

データ2を用いて、購入額と購入個数ごとのユーザの分布を散布図を使って観察してみましょう。縦軸に購入額合計、横軸に購入商品個数としたいので、列、行エリアにそれぞれのデータラベルをドロップします（図31）。

ひとりひとりのユーザの分布をグラフ内に表示させたいので、「customer_id」をマークエリア内の「ラベル」上にドロップすれば完成です（図32）。

◆図29　地理グラフを作る準備

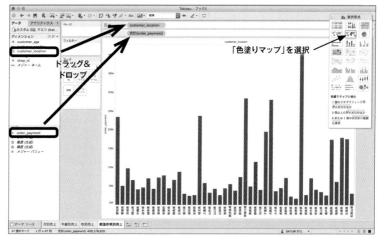

第3章
ビジネスを加速させるBIツール
Tableau実践入門

◆図30　地理グラフ

都道府県別売り上げヒートマップができた

◆図31　散布図の軸設定

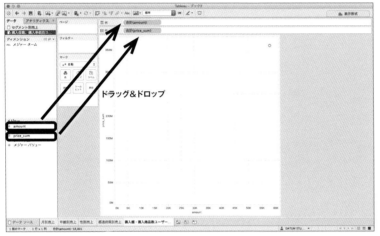

◆図32　散布図を作る

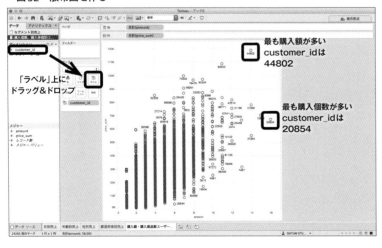

回帰直線を引く

　散布図と回帰直線はよく組み合わせて使われます。Tableauでは、簡単な操作で回帰直線を描けるだけでなく、詳細なモデルの説明も得ることができます。

　グラフのフィールド内で、右クリックすると表示されるメニュー内の「傾向線」から「傾向線の表示」を選択すれば、回帰直線が表示されます（図33）。

　また、表示された回帰直線の上にカーソルを合わせて、右クリックから「傾向線モデルの説明」を選択することで、モデルの詳細説明が得られます（図34）。

クロス集計表

　クロス集計表は、縦軸と横軸を設定し、中身にデータを入れることで作成できます。ここでは、データ1を利用して、年ごと、ショップごとの売上合計を算出します。

　ここまで作成したグラフ同様、列エリアに「order_date」をドロップします。次に、行エリアに「shop_id」をドロップします。最後に、「order_payment」をマークエリア内の「テキスト」上にドロップすれば完成です（図35）。

特別企画
超入門
データ分析のためにこれだけは覚えておきたい基礎知識

◆図33　回帰直線の表示

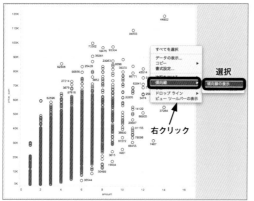

◆図34　回帰モデルの説明を得る

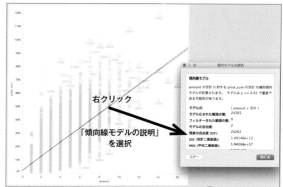

◆図35　クロス集計表を作る

◆図36　クロス集計表をヒートマップにする

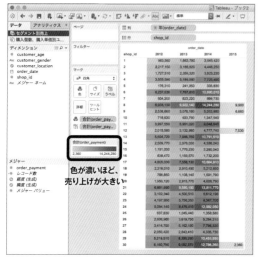

■ クロス集計表をヒートマップにする

クロス集計表ができた段階で、「表示形式」の右上にある「ハイライト表」を選択しましょう（図36）。

● グラフ・表作成の肝

ここまでグラフの作り方をいくつか見てきましたが、最も大事なのは「可視化表現ごとに必要なディメンションとメジャーが理解できていること」と言えます。基本操作を把握する際は、次の表2を参考にすると良いでしょう。

分析結果の一覧性を高める統合機能

本節では、「ダッシュボード」「ストーリー」機能を用い、可視化した結果を統合していきます。

● 統合機能の使い所

さまざまな視点からデータを深掘りしていくと、どうしてもワークシートの数が多くなってしまいます。膨大なシート数のワークブックを、たとえばチームで共有する・プレゼンテーションに用いることはあまり現実的ではありません。Tableauには、複数のワークシートを1つに束ねる**ダッシュボード機能**、ストーリーラインを作成する**ストー**

◆表2　可視化データと必須データの対応表

表現方法	列エリア	行エリア	マークエリア
折れ線・棒グラフ・円グラフ・地理グラフ	ディメンション	メジャー	任意
クロス集計表	ディメンション	ディメンション	メジャー
散布図	メジャー	メジャー	ディメンション

リー機能があります。この機能を利用して、分析結果をより見やすく、魅力的に作り上げていくことができます。たとえるならば、ダッシュボード機能とストーリー機能の関係は、Microsoft ExcelとPowerPointの関係に似ています。データをExcelで分析し、その結果をPowerPointで説明するように、ダッシュボード機能でまとめたデータを、ストーリー機能でプレゼンテーションできるようになります。

ダッシュボードシートの基本配置

早速、ワークシートを統合してみましょう。まず、シート追加フィールドにて、「新しいダッシュボード」を選択し、新規ダッシュボードを作成してみましょう。ダッシュボードの機能で主に利用するのは3フィールドです（図37）。

- ワークシート一覧
- オブジェクト挿入
- ドロップフィールド

それぞれ解説します。

■ワークシート一覧

既存のワークシートが一覧で表示されます。任意のワークシートを「ドロップフィールド」にドロップしていくことで、複数のワークシートを1つに束ねていくことができます。

■オブジェクト挿入

ここからドロップフィールドへ、空のワークシートや画像やテキストフィールド、Webページを挿入できます。

■ドロップフィールド

シートをドロップすることで、1つのダッシュボードシートを組み上げていくフィールドです。

ダッシュボードを作成する

■シートを新しく配置する

ワークシート「月別売上」「男女別売上比率」「年齢別売上」「ショップ別売上」が存在するとして、この4つのシートを1つのダッシュボードに、「売上分解まとめ」として組み込んでみましょう。

まず、ワークシート一覧から「月次売上」シートをドロップフィールドにドロップします。次に、「男女別売上比率」をドロップします。その際に、上半分・下半分・右半分・左半分のどこにドロップするか、選択できます。上

◆図37　ダッシュボードの基本配置

特別企画
超入門
データ分析のためにこれだけは覚えておきたい基礎知識

（下）半分を選べば、フィールドは垂直分割され、2つのグラフが表示されます。右（左）半分を選べば、水平分割されます。同様に、残り2つのシートに関しても、ドロップする際に位置を選択し、配置ができます（図38）。

■ 既存のダッシュボードを編集する

配置されたシートを削除したい場合は、シート右上にある、×ボタンを押します。移動したい場合は、シート中央上部にある選択部をドラッグ＆ドロップして移動できます。配置シート内のグラフ形や軸を編集したい、などといった場合は、シート右上にある「シートに移動」ボタンで元のワークシートに移動し、編集します。

Tableauは、配置を自動で決めてくれますが、独自に配置を指定したい場合は、配置シート右上の▼ボタンを押し、「浮動」を選択すると、シートのサイズが自由に調整できるようになります（図39）。

■ ダッシュボード内に画像やテキスト、URLを挿入する

「オブジェクト挿入」から、挿入したいオブジェクトを選択しダブルクリックします。自動的に入力画面が立ち上がります。なお、「水平方向」「垂直方向」をダブルクリックすると指定の方向に新規の空シートが挿入されます。配置された空シートにワークシート一覧フィールドからシートをドロップすることで、シートをダッシュボードに配置することもできます（図40）。

◆図38　ダッシュボードにワークシートを配置

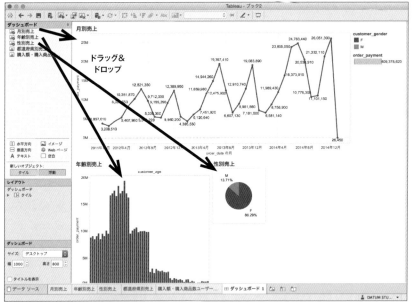

◆図39　ダッシュボードの編集

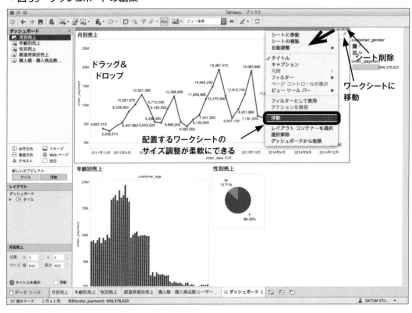

◆図40 ダッシュボードにテキストフィールドを挿入

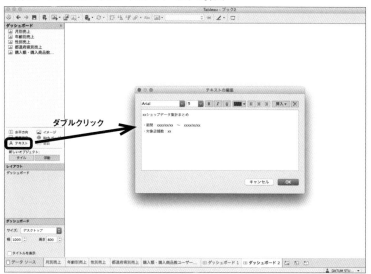

ストーリーシートの基本配置

シート追加フィールドで、「新しいストーリー」を選択し、新規ストーリーを作成してみましょう。ストーリーの機能で主に利用するのは3フィールドです（図41）。

- ワークシート、ダッシュボード一覧
- タイトル、キャプション
- ドロップフィールド

◆図41 ストーリーシートの基本配置

それぞれ解説します。

■ ワークシート、ダッシュボード一覧

既存のワークシート、ダッシュボードが一覧で表示されます。ドロップフィールドにドロップする方法はダッシュボードシートと同じですが、異なるのは、ストーリーシートにはダッシュボードもドロップできる点です。

■ タイトル、キャプション

ストーリーのタイトルは、ダブルクリックで編集できます。キャプションにドロップしたシートの概要や考察などを記述します。

■ ドロップフィールド

シートをドロップするフィールドです。ダッシュボードのように、複数のシートを1つのエリア内に配置することはできません。

ストーリーを作成する

続いてストーリーを作成していきます。

■ ストーリーページ（1ページ目）を作成する

作成したダッシュボードシート「売上分解まとめ」をストーリーページの1ページ目として配置します。ワークシート、ダッシュボード一覧からシートを選択し、ドロップフィールドにドロップします。また、キャプションに概要を記述します（図42）。

■ ストーリーページを作成する（2ページ目以降）

ストーリーの1ページ目ができると、キャプションの右に「新しい空白ポイント」ボタンが出現します。ここを押すと、新しい

特別企画　超入門
データ分析のためにこれだけは覚えておきたい基礎知識

◆図42　ストーリーシートの作成（1ページ目）

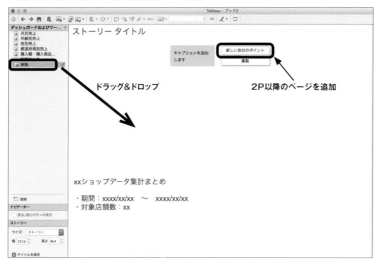

ストーリーページ（2ページ目）が同じストーリーシート内に作成されます（図43）。ページ間の移動は移動したいキャプションを選択するか、矢印ボタンを選択することでできます。

もっとTableauで魅せるためのそのほか活用術

本節では、ビジネスにおいてTableauを活用するためのテクニックをいくつか紹介していきます。

データのフィルタ機能

売上データを2014年のデータに限定して見る場合を想定し、データをフィルタしてみます。

月別売上シートの「フィルタ」エリアに「order_date」をドロップし、「年」を選択すると、表示させる年のリストが出現するので、「2014」を選択します（図44）。

◆図43　ストーリーシートの作成（2ページ目以降）

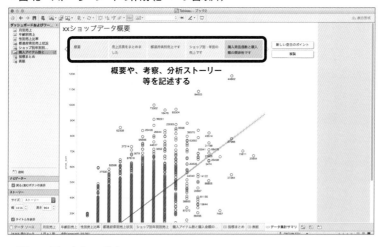

1シートで設定したフィルタ条件をほかのシートにも適用する

フィルタフィールドにある、対象のデータにカーソルを合わせ、右の▼を選択し、「ワークシートに適用」から「このデータソースを使用するすべてのアイテム」を選択することで、共通のデータソースすべてに同様のフィルタ条件が適用され、連動させることができます（図45）。

◆図44　データのフィルタ

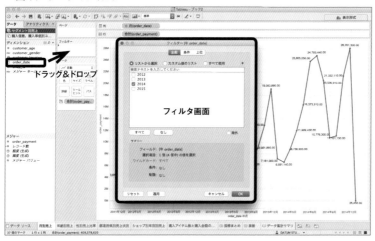

第3章
ビジネスを加速させるBIツール
Tableau実践入門

◆図45　フィルタのほかシート適用

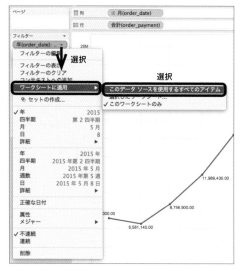

入力箇所が出現します。ダブルクリックで編集フィールドが開きます。なお、タイトルはデフォルトでシート名を参照しているため、先にシート名を編集すると良いでしょう（図49）。

プレゼンテーションモード

Tableauを用いたプレゼンテーションで重宝するモードです。画面上部のスクリーンアイコンを選択すると全画面モードになり、エスケープキーでモード解除となります（図50）。

グラフ表記の改善

ここではグラフの編集方法を紹介します。

■軸の単位修正（数値の例）

月次売上のシートの縦軸を「10M」という表記から「10,000,000」に修正するシーンを想定します。単位を修正したい軸を右クリックし、「表記設定」を選択します（図46）。ディメンション・メジャー設定フィールドに書式設定フィールドが出現しますので、「軸」に設定し、「スケール」の数値を「数値（標準）」に設定します（図47）。

■軸名編集

軸名の編集は、軸に用いているデータラベル右の▼を選択し「名前の変更」から変更します。軸名の修正というより、データラベル名を修正していることに注意してください（図48）。

■シートタイトル、キャプションを付ける

マークエリア下あたりの、何もないエリアで右クリック、「タイトル」「キャプション」を選択します。シート上部と下部にそれぞれキャプションの

◆図46　軸選択

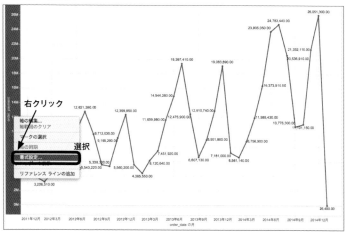

◆図47　軸スケール修正

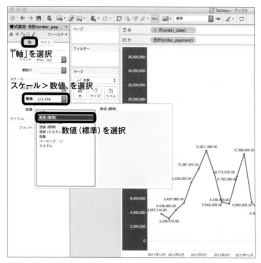

161

特別企画
超入門
データ分析のためにこれだけは覚えておきたい基礎知識

◆図48　データラベル名修正

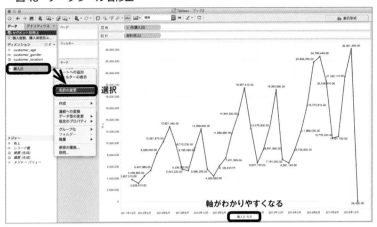

◆図49　タイトルとキャプションの付与

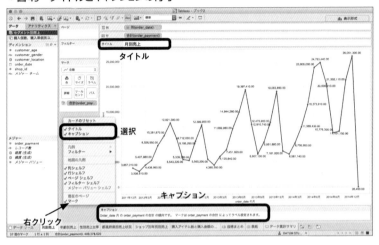

◆図50　プレゼテーションモードを利用する

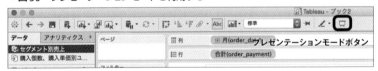

- .tbwファイル：ライブ接続を前提としたファイル形式
- .tbwxファイル：抽出接続を前提としたファイル形式

後者をパッケージドワークブックと呼び、ワークブック内で利用しているデータを圧縮している形式です。データに接続できない方にも共有ができる便利なファイル形式のため、この形式でファイルをエクスポートするのが良いでしょう。Tableauのヘッダメニューから「ファイル」を選択し「パッケージワークブックのエクスポート」を選択すると、.tbwxファイルでワークブックを保存できます（図51）。

■ Excelファイルなどでのエクスポート

Tableauのヘッダメニューから「ワークシート」を選択し「エクスポート」でエクスポート形式を選択できます（図52）。

■ Tableauで扱うデータの注意

Tableauはさまざまなデータソースからデータを取得できますが、大規模データをそのまま読み込ませるのはお勧めしません。Tableauで大規模データを集計しようとすると、処理が遅くなってしまうため、事前に集計したデータを用意するのが良いでしょう。具体的には、ユーザの購買データ（トランザクションデータ）をそのまま読み込むのではなく、日別・商品別の売り上げデータに変形させたあとで読み込んだ方が効率良くデータを可視化できるでしょう。

● Tableauファイルのエクスポート

作成したTableauファイルを別のデバイスから使用したい場合やほかのソフトウェアから使用する場合にはエクスポートしてください。

■ タブローファイルとしてのエクスポート

タブローファイルとしてのエクスポートはタイプが2種類あります。

◆図51 .twbxとしてエクスポート

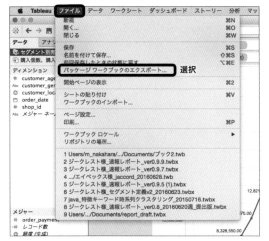

データベースからデータを取得する場合は、集計済みのデータを、データベース側に中間テーブルとして用意するのも手段の1つです。

 終わりに

本章ではTableauの基本的な使い方を紹介しましたが、まだまだたくさんの便利な機能があります。直感的に操作できるおかげで、いろいろと試しているうちに使い方を覚えていく機能も多いと思います。有料製品ではありますが、2週間の無償利用期間中に、可視化から統合機能まで一通り試してみるのが良いでしょう。この機会に、データを「見せる」のではなく、「魅せる」ことができるツールとして、Tableauを検討してみてはいかがでしょうか。

◆図52 そのほかの形式でのエクスポート

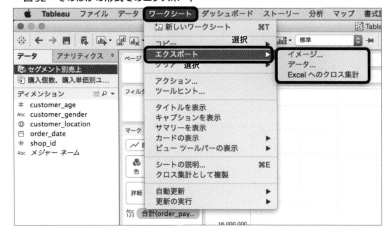

◆本書サポートページ
　http://gihyo.jp/book/2016/978-4-7741-8360-2
　本書記載の情報の修正／訂正／補足については、当該Webページで行います。

装丁・目次デザイン	トップスタジオデザイン室（轟木 亜紀子）
本文デザイン＆DTP	トップスタジオ
担当	高屋 卓也

■ **お問い合わせについて**

本書に関するご質問は記載内容についてのみとさせて頂きます。本書の内容以外のご質問には一切応じられませんので、あらかじめご了承ください。
なお、お電話でのご質問は受け付けておりませんので、書面またはFAX、弊社Webサイトのお問い合わせフォームをご利用ください。

〒162-0846　東京都新宿区市谷左内町21-13
株式会社技術評論社
『改訂2版データサイエンティスト養成読本』係
FAX　03-3513-6173
URL　http://gihyo.jp

ご質問の際に記載いただいた個人情報は回答以外の目的に使用することはありません。使用後は速やかに個人情報を廃棄します。

Software Design plus シリーズ
改訂2版　データサイエンティスト養成読本
プロになるためのデータ分析力が身につく！

2013年　9月10日　初版　第1刷　発行
2016年　9月25日　第2版　第1刷　発行
2020年　4月17日　第2版　第4刷　発行

著　者	佐藤洋行、原田博植、里洋平、和田計也、早川敦士、倉橋一成、下田倫大、大成弘子、奥野晃裕、中川帝人、長岡裕己、中原誠
発行者	片岡　巖
発行所	株式会社技術評論社 東京都新宿区市谷左内町21-13 電話　03-3513-6150　販売促進部 　　　03-3513-6177　雑誌編集部
印刷所	昭和情報プロセス株式会社

定価はカバーに表示してあります。

本書の一部または全部を著作権法の定める範囲を超え、無断で複写、複製、転載、あるいはファイルに落とすことを禁じます。

©2016　佐藤洋行、原田博植、里洋平、和田計也、早川敦士、倉橋一成、下田倫大、大成弘子、奥野晃裕、中川帝人、長岡裕己、中原誠

造本には細心の注意を払っておりますが、万一、乱丁（ページの乱れ）や落丁（ページの抜け）がございましたら、小社販売促進部までお送りください。送料小社負担にてお取り替えいたします。

ISBN978-4-7741-8360-2 C3055
Printed in Japan